工伤预防知识普及丛书

工伤预防之职业病防治知识

ZHIYEBING FANGZHI ZHISHI

工伤预防知识普及丛书编写组

陈文涛 高东旭 闫 宁 佟瑞鹏
葛楠楠 王仟祥 王春玲 高 扬
杨会芹 李秀兰 阎有若 时 文
李中武 刘 雷 朱子博 皮中琴

本书主编 高东旭

中国劳动社会保障出版社

图书在版编目(CIP)数据

工伤预防之职业病防治知识/《工伤预防普及知识丛书》编写组编．—北京：中国劳动社会保障出版社，2014
（工伤预防普及知识丛书）
ISBN 978－7－5167－1191－0

Ⅰ．①工…　Ⅱ．①工…　Ⅲ．①工伤事故-事故预防-基本知识②职业病防治-基本知识　Ⅳ．①X928②R135

中国版本图书馆 CIP 数据核字（2014）第 107897 号

中国劳动社会保障出版社出版发行
（北京市惠新东街 1 号　邮政编码：100029）
*
三河市潮河印业有限公司印刷装订　　新华书店经销
850 毫米×1168 毫米　32 开本　4 印张　85 千字
2014 年 6 月第 1 版　　2023 年 11 月第 14 次印刷
定价：20.00 元

营销中心电话：400-606-6496
出版社网址：http://www.class.com.cn

前言

我国党和政府历来高度重视工伤预防工作。《社会保险法》《工伤保险条例》等国家法律法规明确了工伤预防是工伤保险的重要组成部分。各级政府全力推进各类用人单位参保，扩大工伤保险的覆盖面。同时，依法落实各种法定工伤保险待遇，切实保障工伤职工合法权益，积极探索适合中国国情的工伤预防和工伤康复机制。目前，已经逐步完善并初步建立了工伤预防、工伤补偿和工伤康复三位一体的工伤保险制度。其中，工伤预防功能充分体现了“以人为本”的管理理念，对在源头上促进安全生产工作和减少工伤保险基金的支出具有决定性的作用。

《工伤保险条例》明确规定：“用人单位和职工应当遵守有关安全生产和职业病防治的法律法规，执行安全卫生规程和标准，预防工伤事故发生，避免和减少职业病危害。”建立工伤预防为主的工伤保险制度，完善工伤保险体系，有一个很重要的工作需要重视，那就是全面贯彻落实“安全第一，预防为主”的管理方针，建立工伤预防、教育、培训的常态化工作机制，通过经常性地在全社会开展工伤保险与工伤预防的宣传，普及工伤保险知识，加强对参保单位各类从业人员的教育培训，提高法律责任意识和劳动保护知识水平。

人力资源和社会保障部2009年印发了《关于开展工伤预防试点工作有关问题的通知》（人社厅发［2009］108号），在广东、海南和河南3省的12个地市开展了工伤预防试点工作，并取得了初步成效。一些试点城市工伤事故发生率呈现下降趋势，职工的安全意识和维权意识、企业守法意识有所增强。为进一步推进工伤预防工作的开展，2013年4月，人力资源和社会保障部印发《关于进一步做好工伤预防试点工作的通知》（人社部发［2013］32号），决定在2009年初步试点的基础上，再选择一部分具备条件的城市扩大试点，并进一步规范了工作原则和程序。2013年10月，人社部办公厅印发《关于确认工伤预防试点城市的通知》（人社厅发［2013］111号），确认了天津市等50个工伤预防试点城市（统筹地区），探索建立科学、规范的工伤预防工作模式，为在全国范围内开展工伤预防工作积累经验，完善我国工伤预防制度体系。

长期以来，中国人力资源和社会保障出版集团所属中国劳动社会保障出版社始终高度关注并坚持开展工伤保险、安全生产方面的法律法规宣传贯彻与专业图书出版工作。为了更好地服务政府和相关管理部门的中心工作，及时总结各级政府工伤预防管理工作的先进经验，有效传播工伤预防培训与宣传工作的先进、实用方法，促进我国工伤保险与工伤预防事业的持续稳定发展，在人力资源和社会保障部工伤保险司的大力支持下，组织编写了适合工作实际需要的、适合全国普遍需求的工伤预防宣传、教育、培训系列挂图和图书。第一批出版的“工伤预防系列宣教挂图”包括：《工伤保险主题招贴》《工伤预防主题招贴》《工伤预防知识》《高危岗位工伤预防知识》；“工伤预防知识普及丛书”包括：《工伤预防之基础知识》《工伤预防之职业病防治知识》《工伤预防之个人防护知识》《工伤预防之事故应急与救护知识》。本套丛书图文并茂，生动活泼，以简洁、通俗易懂的文字，讲解工伤预防相关的重要知识，配以卡通画，增加可读性的同时，更能提高读者的阅读兴趣并强化学习效果。

本套丛书在编写过程中，参阅并部分应用了相关的资料与著作，在此对有关著作者和专家表示感谢。由于种种原因可能会导致图书存在不当或错误之处，敬请广大读者不吝赐教，以便及时纠正。

丛书编写工作组

2014年3月

内容简介

工伤预防是建立健全工伤预防、工伤补偿和工伤康复三位一体工伤保险制度的重要内容。从业人员在依法享受工伤保险权利的同时，也有义务配合做好工伤预防工作，严格遵守安全生产法律法规，遵章守纪，预防职业伤害的发生，保护好自身的生命安全和身体健康。

本书以问答的形式列举了从业人员在劳动生产过程中应该了解的工伤保险与工伤预防基础知识，重点讲述职业病防治，主要内容包括工伤保险与工伤预防知识、职业卫生基础知识、粉尘的危害与控制、生产性毒物与职业中毒防治、物理因素职业病及其防护、劳动防护用品的管理与使用、常见职业危害事故应急救护等内容。本书所选题目典型性、通用性强，文字编写浅显易懂，版式设计新颖活泼，漫画配图直观生动，可作为政府、行业主管部门、企业开展工伤预防宣传教育工作，是广大基层从业人员增强工伤预防意识、提高职业病防治素质的普及性读物。

第三章　粉尘的危害与控制

第四章　生产性毒物与职业中毒防治

第五章 物理因素职业病及其防护

第六章　劳动防护用品的管理与使用

第七章　常见职业危害事故应急救护

第一章 工伤保险与工伤预防知识

1. 什么是工伤保险？

工伤保险是社会保险的一个重要组成部分，它通过社会统筹建立工伤保险基金，对保险范围内的劳动者因在生产经营活动中所发生的或在规定的某些情况下遭受意外伤害、职业病以及因这两种情况造成劳动者死亡或暂时或永久丧失劳动能力时，劳动者或其近亲属能够从国家、社会得到必要的物质补偿，以保证劳动者或其近亲属的基本生活，以及为受工伤的劳动者提供必要的医疗救治和康复服务。工伤保险保障了受伤害职工的合法权益，有利于妥善处理事故和恢复生产，维护正常的生产、生活秩序，维护社会安定。

工伤保险有四个基本特点：一是强制性，国家立法强制一定范围内的用人单位、职工必须参加工伤保险；二是非营利性，工伤保险是国家对劳动者履行的社会责任，也是劳动者应该享受的基本权利，国家举办工伤保险，目的是为劳动者谋福利，提供所有的工伤保险有关的服务，均不以盈利为目的；三是保障性，保障劳动者在发生工伤事故

后，对劳动者或其近亲属发放工伤待遇，保障其生活；四是互助互济性，是指通过强制征收保险费，建立工伤保险基金，由社会保险机构在人员之间、地区之间、行业之间对费用实行再分配，调剂使用基金。

[法律提示]

《工伤保险条例》于2003年4月27日国务院令375号公布，2004年1月1日生效实施。2010年12月8日，国务院第136次常务会议通过《关于修改〈工伤保险条例〉的决定》，由国务院令586号公布，自2011年1月1日起施行。

现行《工伤保险条例》分八章六十七条，各章内容为：第一章总则，第二章工伤保险基金，第三章工伤认定，第四章劳动能力鉴定，第五章工伤保险待遇，第六章监督管理，第七章法律责任，第八章附则。

2. 为什么要做好工伤预防？从业人员“工伤有保险，出事老板赔，只管干活挣钱”的想法对吗？

工伤预防是建立健全工伤预防、工伤补偿和工伤康复三位一体工伤保险制度的重要内容，是指事先防范职业伤亡事故以及职业病的发生，减少事故及职业病的隐患，改善和创造有利于健康的、安全的生产环境和工作条件，保护从业人员生产、工作环境中的安全和健康。工伤预防的措施主要包括工程技术措施、教育措施和管理措施。

从业人员在劳动保护和工伤保险方面的权利与义务是基本一致的。在劳动关系中，获得劳动保护是从业人员的基本权利，工伤保险又是其劳动保护权利的延续。从业人员有权获得保障其安全健康的劳动条件，同时也有义务严格遵守安全生产法律法规，遵章守纪，预防职业伤害的发生。

当前国际上，现代工伤保险制度已经把事故预防放在优先位置。我国新修订的《工伤保险条例》也把工伤预防定位为工伤保险三大任务之一，从而逐步改变了过去重补偿、轻预防的模式。因此，那种“工伤有保险，出事老板赔，只管干活挣钱”的说法，显然是错误的。工伤赔偿是发生职业伤害后的救助措施，不能挽回失去的生命和复原残疾的身体。从业人员只有加强安全生产，才能保障自身的安全；只有做好工伤预防，才能保障自身的健康。生命安全和身体健康才是从业人员最大利益。企业和从业人员要永远共同坚持“安全第一，预防为主，综合治理”的方针。

3. 从业人员工伤保险和工伤预防的权利主要体现在哪些方面？

从业人员的工伤保险和工伤预防的权利主要体现在：

（1）有权获得劳动安全卫生的教育和培训，了解所从事的工作可能对身体健康造成的危害和可能发生的不安全事故，从事特种作业要取得特种作业资格，持证上岗。

（2）有权获得保障自身安全、健康的劳动条件和劳动防护用品。

（3）有权对用人单位管理人员违章指挥、强令冒险作业予以拒绝。

（4）有权对危害生命安全和身体健康的行为提出批评、检举和控告。

（5）从事职业危害作业的从业人员有权获得定期健康检查。

（6）发生工伤时，有权得到抢救治疗。

（7）发生工伤后，从业人员或其近亲属有权向当地社会保险行政部门报告申请认定工伤和享受工伤待遇，报告申请要经企业签字，如企业不签字，可以直接报送。

（8）工伤从业人员有权按时足额享受有关工伤保险待遇。

（9）工伤致残，有权要求进行劳动能力鉴定和护理依赖鉴定及定期复查；对鉴定结论不服的，有权要求进行复查鉴定和再次鉴定。

（10）因工致残尚有工伤能力的从业人员，在就业方面应得到特殊保护，在合同期内用人单位对因工致残从业人员不得解除劳动合同，并应根据不同情况安排适当工作；在建立和发展工伤康复事业的情况下，应当得到职业康复培训和再就业帮助。

（11）工伤从业人员及其近亲属申请认定工伤和处理工伤保险待遇时与用人单位发生争议的，有权向当地劳动争议仲裁委员会

申请仲裁直至向人民法院起诉；对社会保险行政部门作出的工伤认定和待遇支付决定不服的，有权申请行政复议或行政诉讼。

4. 从业人员工伤保险和工伤预防的义务主要有哪些？

权利与义务是对等的，有相应的权利，就有相应的义务。从业人员在工伤保险和工伤预防方面的义务主要有：

（1）从业人员有义务遵守劳动纪律和用人单位的规章制度，做好本职工作和被临时指派的工作，服从本单位负责人的工作安排和指挥。

（2）从业人员在劳动过程中必须严格遵守安全操作规程，正确使用劳动防护用品，接受劳动安全卫生教育和培训，配合用人单位积极预防事故和职业病。

（3）从业人员或其近亲属报告工伤和申请工伤待遇时，有义务如实反映发生事故和职业病的有关情况及工资收入、家庭有关情况；当有关部门调查取证时，应当给予配合。

（4）除紧急情况外，工伤职工应当到工伤保险签订服务协议的医疗机构进行治疗，对于治疗、康复、评残要接受有关机构的安排，并给予配合。

（5）工伤从业人员经过劳动能力鉴定确认完全恢复或者部分恢复劳动能力可以工作的，应当服从用人单位的工作安排。

5. 做好工伤预防，要注意杜绝哪些不安全行为？

一般地说，凡是能够或可能导致事故发生的人为失误均属于不安全行为。国家标准《企业职工伤亡事故分类标准》中规定的13大类不安全行为包括：

（1）未经许可，开动、关停、移动机器；开动、关停机器时未给信号，开关未锁紧；忘记关闭设备；忽视警告标志、警告信号；操作错误按钮、阀门、扳手、把柄等；奔跑作业，供料或送料速度过快；机械超速运转；违章驾驶机动车；酒后作业；人货混载；冲压机作业时，手伸进冲压模；工件紧固不牢；用压缩空气吹铁屑。

（2）安全装置被拆除、堵塞，造成安全装置失效。

（3）临时使用不牢固的设施或无安全装置的设备等。

（4）用手代替手动工具，用手清除切屑，不用夹具固定，用手拿工件进行机加工。

（5）成品、半成品、材料、工具、切屑和生产用品等存放不当。

（6）冒险进入危险场所。

（7）攀、坐不安全位置。

（8）在起吊物下作业、停留。

（9）机器运转时从事加油、修理、检查、调整、焊接、清扫等工作。

（10）分散注意力行为。

（11）在必须使用个人防护用品用具的作业或场合中，未按规定使用。

（12）在有旋转零部件的设备旁作业穿肥大服装；操纵带有旋转零部

件的设备时戴手套。

（13）对易燃易爆等危险物品处理错误。

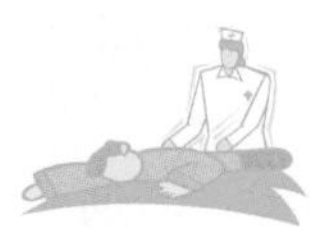

[血的教训]

一天，某厂生产一班给矿皮带工张某、和某两人打扫4号给矿皮带附近的场地，清理积矿。当张某清扫完非人行道上的积矿后，准备到人行道上帮助和某清扫。当时，张某拿着1.7米长的铁铲，为图方便抄近路，他违章从4号给矿皮带与5号给矿皮带之间穿越（当时，4号给矿皮带正以每秒2米的速度运行，5号给矿皮带已停运）。张某手里拿的铁铲触及运行中的4号皮带的增紧轮，铁铲和人一起被卷到了皮带增紧轮上，铁铲的木柄被折成两段弹了出去，张某的头部顶在增紧轮外的支架上，在高速运转的皮带挤压下，造成头骨破裂，当场死亡。

这起事故的直接原因是张某安全意识淡薄，自我保护意识极差，严重违反了皮带操作工安全操作规程中关于“严禁穿越皮带”的规定。据事后调查，张某曾多次违章穿越皮带，属习惯性违章，正是他的违章行为，导致了这次伤亡事故的发生。

这起事故给人们的教训是，企业应设置有效的安全防护设施，提高设备的本质安全水平。同时，职工要加强规章制度的学习，增强安全意识，杜绝不安全行为。

6. 做好工伤预防，要注意避免出现哪些不安全心理?

根据大量的工伤事故案例分析，导致从业人员发生职业伤害最常见的不安全心理状态主要有以下几种：

（1）自我表现心理——“虽然我进厂时间短，但我年轻、聪明，干这活儿不在话下……”

（2）经验心理——“多少年一直是这样干的，干了多少遍了，能有什么问题……”

（3）侥幸心理——“完全照操作规程做太麻烦了，变通一下也不一定会出事吧……”

（4）从众心理——“他们都没戴安全帽，我也不戴了……”

（5）逆反心理——“凭什么听班长的呀，今儿我就这么干，我就不信会出事……”

（6）反常心理——“早上孩子肚子疼，自己去了医院，也不知道是什么病，真担心……”

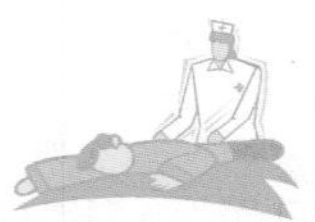

[血的教训]

2013年5月的一天，某机械厂切割机操作工王某，在巡视纵向切割机时发现刀锯与板坯摩擦，有冒烟和燃烧现象，如不及时处理有可能引起火灾。王某当即停掉风机和切割机去排除故障，但没有关闭皮带机电源，皮带机仍然处于运转中。当王某伸手去掏燃着的纤维板屑时，袖口连同右臂突然被皮带机齿轮绞住，直到工友听到王某的呼救声才关闭了皮带机电源。此次事故造成王某右臂伤残。

这起事故的发生与操作者存在侥幸、麻痹心理有直接的关系。操作者以前多次不关闭皮带机就去排除故障，侥幸未造成事故，因而麻痹大意，由此逐渐形成习惯性违章并最终导致惨剧发生。

7. 签订劳动合同时应注意哪些事项?

从业人员在上岗前应和用人单位依法签订劳动合同，建立明确的劳动关系，确定双方的权利和义务。关于劳动保护和安全生产，在签订劳动合同时应注意两方面的问题：第一，在合同中要载明保障从业人员劳动安全、防止职业危害的事项；第二，在合同中要载明依法为从业人员办理工伤社会保险的事项。

遇有以下合同不要签：

（1）“生死合同”：在危险性较高的行业，用人单位往往在合同中写上一些逃避责任的条款，典型的如“发生伤亡事故，单位概不负责”。

（2）“暗箱合同”：这类合同隐瞒工作过程中的职业危害，或者采取欺骗手段剥夺从业人员的合法权利。

（3）“霸王合同”：有的用人单位与从业人员签订劳动合同时，只强调自身的利益，无视从业人员依法享有的权益，不容许从业人员提出意

见，甚至规定“本合同条款由用人单位解释”等。

（4）“卖身合同”：这类合同要求从业人员无条件听从用人单位安排，用人单位可以任意安排加班加点，强迫劳动，使从业人员完全失去人身自由。

（5）“双面合同”：一些用人单位在与从业人员签订合同时准备了两份合同，一份合同用来应付有关部门的检查，一份用来约束从业人员。

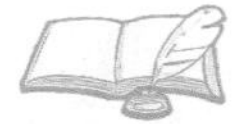

［法律提示］

《安全生产法》规定：生产经营单位与从业人员订立的劳动合同，应当载明有关保障从业人员劳动安全、防止职业危害的事项，以及依法为从业人员办理工伤保险的事项。

生产经营单位不得以任何形式与从业人员订立协议，免除或者减轻其对从业人员因生产安全事故伤亡依法应承担的责任。

8. 我国关于职业卫生方面有哪些法律、法规？

我国职业卫生法规体系具有五个层次：

（1）宪法。《宪法》是国家根本大法，具有最高的法律效力。宪法第四十二条规定，国家通过各种途径，创造劳动就业条件，加强劳动保护，改善劳动条件，并在发展的基础上，提高劳动报酬和福利待遇。

（2）法律。例如，《劳动法》《职业病防治法》《安全生产法》等。

（3）行政法规。例如《使用有毒物品作业场所劳动保护条例》《放射性同位素与射线装置放射防护条例》《尘肺病防治条例》《危险化学品安全管理条例》等。

（4）地方性法规。地方性法规是由省、自治区、直辖市和经国务院批准的较大的市的人大及其常委会，根据本行政区域的具体情况和实际需要制定和颁布的、在本行政区域内实施的规范性文件的总称。

（5）部门规章。规章是由国务院各部委和具有行政管理职能的直属机构、省、自治区和直辖市的人民政府制定的。

这些法律、法规再加上相关的技术标准共同对企业的职业安全卫生提出了全面、具体的要求，形成了我国职业卫生法规体系框架。

［相关链接］

职业卫生标准属于职业卫生技术法规，在预防和控制职业危害中具有特别重要的地位，是进行预防性和经常性职业卫生监督的重要依据，是制定职业卫生法规的基础。

9.《职业病防治法》规定企业应当建立健全哪些职业病防治制度和操作规程？

我国的《职业病防治法》规定了存在职业危害的生产经营单位应当建立、健全下列职业危害防治制度和操作规程：

（1）职业危害防治责任制度。

（2）职业危害告知制度。
（3）职业危害申报制度。
（4）职业健康宣传教育培训制度。
（5）职业危害防护设施维护检修制度。
（6）从业人员防护用品管理制度。
（7）职业危害日常监测管理制度。
（8）从业人员职业健康监护档案管理制度。
（9）岗位职业健康操作规程。
（10）法律、法规、规章规定的其他职业危害防治制度。

［相关链接］

任何单位和个人均有权向安全生产监督管理部门和其他行业主管部门举报生产经营单位违反职业病防治规定的行为和职业危害事故。

10.《职业病防治法》规定企业应该承担哪些为职工进行职业健康检查的责任？

（1）生产经营单位不得安排未经上岗前职业健康检查的从业人员从事接触职业危害的作业；不得安排有职业禁忌的从业人员从事其所禁忌的作业；对在职业健康检查中发现有与所从事职业相关的健康损害的从业人员，应当调

离原工作岗位，并妥善安置；对未进行离岗前职业健康检查的从业人员，不得解除或者终止与其订立的劳动合同。

（2）生产经营单位应当为从业人员建立职业健康监护档案，并按照规定的期限妥善保存。从业人员离开生产经营单位时，有权索取本人职业健康监护档案复印件，生产经营单位应当如实、无偿提供，并在所提供的复印件上签章。

（3）生产经营单位不得安排未成年工从事接触职业危害的作业；不得安排孕期、哺乳期的女职工从事对本人和胎儿、婴儿有危害的作业。

（4）生产经营单位发生职业危害事故，应当及时向所在地安全生产监督管理部门和有关部门报告，并采取有效措施，减少或者消除职业危害因素，防止事故扩大。对遭受职业危害的从业人员，及时组织救治，并承担所需费用。

［相关链接］

对接触职业危害的从业人员，生产经营单位应当按照国家有关规定组织上岗前、在岗期间和离岗时的职业健康检查，并将检查结果如实告知从业人员。职业健康检查费用由生产经营单位承担。

第二章　职业卫生基础知识

11. 什么是职业卫生？

“职业卫生”，在我国历来被称为“劳动卫生”“职业健康”等，原国家经贸委、国家安全生产监督管理局的《职业安全健康管理体系试行标准》，首次将“职业健康”一词修订为“职业卫生”。目前在我国，劳动卫生、职业卫生、职业健康等叫法并存，但是其内涵是相同的。在国家标准《职业安全卫生术语》（GB/T 15236—2008）中，将“职业卫生”定义为：以职工的健康在职业活动中免受有害因素侵害为目的的工作领域，以及在法律、技术、设备、组织制度和教育等方面所采取的相应措施。

职业卫生（职业健康）主要是研究劳动条件对从业者健康的影响，目的是创造适合人体生理要求的作业条件，研究如何使工作适合于人，又使每个人适合于自己的工作，使从业者在身体、精神、心理和社会福利等方面处于最佳状态。

[相关链接]

国际劳工组织和世界卫生组织提出：职业卫生旨在促进和维持所有职工在身体和精神幸福上的最高质量，防止在工人中发生由其工作环境所引起的各种有害于健康的情况，保护工人在就业期间免遭由不利于健康的因素所产生的危险，使工人置身于一个能适应其生理和心理特征的职业环境之中。总之，要使每个人都能适应于自己的工作。

12. 政府各职能部门在职业卫生工作中的职责分别有哪些?

2003年10月23日，中央机构编制委员会办公室下发了《关于国家安全生产监督管理局（国家煤矿安全监察局）主要职责内设机构和人员编制调整意见的通知》（中央编办发［2003］15号），该通知对职业卫生监督管理的管理职能进行了调整。2010年10月8日，中央机构编制委员会办公室下发了《关于职业卫生监管部门职责分工的通知》（中央编办发［2010］104号），对职业卫生监督管理的职责进行了明确的划分。

（1）安全生产监督管理部门的职业卫生监督管理的职责

1）起草职业卫生监督管理有关法规，制定用人单位职业卫生监督管理相关规章，组织拟订国家职业卫生标准中的用人单位职业危害因素工程控制、职业防护设施、个体职业防护等相关标准。

2）负责用人单位职业卫生监督检查工作，依法监督用人单

位贯彻执行国家有关职业病防治法律、法规和标准的情况。组织查处职业危害事故和违法违规行为。

3）负责新建、改建、扩建工程项目和技术改造、技术引进项目的职业卫生“三同时”审查及监督检查。负责监督管理用人单位职业危害项目申报工作。

4）负责依法管理职业卫生安全许可证的颁发工作。负责职业卫生检测、评价技术服务机构的资质认定和监督管理工作。组织指导并监督检查有关职业卫生培训工作。

5）负责监督检查和督促用人单位依法建立职业危害因素检测、评价、劳动者职业卫生监护、相关职业卫生检查等管理制度；监督检查和督促用人单位提供劳动者健康损害与职业史、职业危害接触关系等相关证明材料。

6）负责汇总、分析职业危害因素检测、评价、劳动者职业卫生监护等信息，向相关部门和机构提供职业卫生监督检查情况。

（2）卫生行政部门的职业卫生管理职责

1）负责会同安全生产监督管理总局、人力资源和社会保障部等有关部门拟订职业病防治法律法规、职业病防治规划，组织制定发布国家职业卫生标准。

2）负责监督管理职业病诊断与鉴定工作。

3）组织开展重点职业病监测和专项调查，开展职业卫生风险评估，研究提出职业病防治对策。

4）负责化学品毒性鉴定、个人剂量监测、放射防护器材和含放射性产品检测等技术服务机构资质认定和监督管理；审批承担职业卫生检查、职业病诊断的医疗卫生机构并进行监督管理，规范职业病的检查和救治；会同相关部门加强职业病防治机构建设。

5）负责医疗机构放射性危害控制的监督管理。

6）负责职业病报告的管理和发布，组织开展职业病防治科学研究。

7）组织开展职业病防治法律、法规和防治知识的宣传教育，开展职业人群健康促进工作。

［法律提示］

《关于职业卫生监管部门职责分工的通知》（中央编办发［2010］104号）还明确了人力资源和社会保障部门和总工会职业卫生相关的职责：

人力资源和社会保障部门：负责劳动合同实施情况监管工作，督促用人单位依法签订劳动合同；依据职业病诊断结果，做好职业病人的社会保障工作。

总工会：依法参与职业危害事故调查处理，反映劳动者职业卫生方面的诉求，提出意见和建议，维护劳动者的合法权益。

13. 政府职业卫生监督管理的主要内容有哪些方面？

（1）依法监督检查工矿商贸作业场所（煤矿作业场所由煤矿安全监察机构负责）职业卫生法律、法规、标准和方针政策的执行情况，查处重特大职业危害事故和违法行为。

（2）按照职责分工，拟订作业场所职业卫生有关执法规章和标准。

（3）承担职业安全卫生宣传教育工作，组织指导和监督检查工矿商贸企业及其作业场所相关人员职业安全卫生培训工作。

（4）承担职业卫生安全许可证的颁发管理工作。

（5）组织指导职业危害申报工作。

（6）指导监督建设项目职业卫生“三同时”工作，指导和监督检查企业职业安全卫生防护用品的使用情况。

（7）参与职业危害事故应急救援工作。

［相关链接］

职业卫生监督管理人员的职责：

（1）进入被检查单位和作业现场，进行职业危害检测，了解有关情况，调查取证。

（2）查阅、复制被检查单位有关职业危害防治的文件、资料，采集有关样品。

（3）对依法确认为不符合职业危害防治的国家标准、行业标准的设施、设备、器材予以查封或者扣押，并应当在15日内依法作出处理决定。

14. 什么是职业性有害因素？职业性有害因素如何分类？

职业性有害因素是指与生产有关的劳动条件，包括生产过程、劳动过程和生产环境，对劳动者健康和劳动能力产生有害作用的职业因素。职业性有害因素按其性质可以分为以下几种：

（1）物理性有害因素

1）异常气候条件，包括高温、高湿、低温、高气压、低气压等。

2）电磁辐射，如红外线、紫外线、激光、微波、高频电磁场等。

3）电离辐射，如X射线、γ射线。

4）噪声和振动。

（2）化学性有害因素

1）毒物，如铅、汞、苯、一氧化碳等。

2）生产性粉尘，如矽尘、石棉尘、煤尘等。

（3）生物性有害因素

如皮毛上的炭疽杆菌及森林脑炎病毒、布氏杆菌等。

（4）其他有害因素

1）劳动组织和制度不合理。

2）劳动强度过大或生产定额不当。

3）个体个别器官或系统过度紧张。

4）生产场所建筑设施不符合设计卫生标准要求。

5）缺乏适当的机械通风、人工照明等安全技术措施。

6）缺乏防尘、防

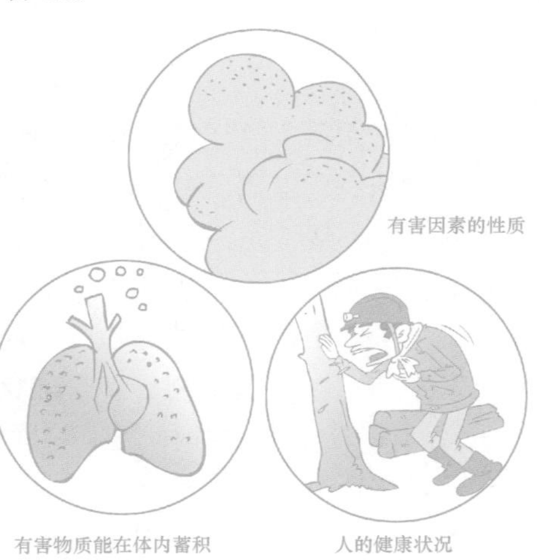

毒、防暑降温、防寒保暖等设施，或设施不完善。

7）安全防护或防护器具有缺陷。

[相关链接]

职业性有害因素按照其分布，主要包括：

（1）生产工艺过程。职业性有害因素随着生产技术、机器设备、使用材料和工艺流程的变化而变化，如与生产过程有关的原材料、工业毒物、粉尘、噪声、振动、高温、辐射及传染性等因素有关。

（2）劳动过程。职业性有害因素与生产工艺的劳动组织情况、生产设备布局、生产制度与作业人员体位和方式以及智能化的程度有关。

（3）作业环境。主要是作业场所的环境，如室外不良气象条件、室内由于厂房狭小、车间位置不合理、照明不良与通风不畅等因素都会对作业人员产生影响。

15. 化工行业工伤预防工作重点关注的职业性危害有哪些？

化工产品种类繁多，与各行各业生产密切相关，是许多行业不可缺少的原料。化学工业生产过程还常常具有高温、高压、易燃、易爆及易腐蚀等特点，因此，化工行业的职业性危害主要表现为职业性中毒。

化学工业中的刺激性毒物常引起呼吸系统损害，严重时可使人发生肺水肿；氰化物、砷、硫化氢、一氧化碳、醋酸胺、有机氟等易引起中毒性休克；砷、锑、钡、有机汞、三氯乙烷、四氯化碳等易引起中毒性心肌炎；黄磷、四氯化碳、三硝基甲苯、三硝基氯苯等可引起肝损伤；重金属盐可造成中毒性

肾损伤；窒息性气体、刺激性气体以及亲神经毒物均可引起中毒性脑水肿；苯的慢性中毒主要损害血液系统，表现为白细胞、血小板减少及贫血，严重时出现再生障碍性贫血；汞、铅、锰等可引起严重的中枢神经系统损害。

橡胶行业、石油行业、印染行业、油漆涂料行业还多发职业性肿瘤。

16. 矿山行业工伤预防工作重点关注的职业性危害有哪些?

矿山开采中主要的职业性有害因素有生产性粉尘、有害气体、不良气象条件、噪声和振动等。同时由于井下劳动强度大、作业姿势不良、采光照明不佳等原因，导致外伤等意外事故极易发生。

（1）生产性粉尘

生产性粉尘是矿山行业中主要的有害因

素，在矿山生产过程中，可产生大量的含硅量较高的粉尘。矿工患尘肺病的可能性较高。

（2）有害气体

在矿山生产过程中可能会接触到瓦斯、一氧化碳、二氧化碳、氮氧化物、硫化氢等有害气体，浓度过高时可使人中毒、窒息，甚至死亡。

（3）不良气象条件

矿山井下气象条件的特点是气温高、湿度大、温差大。因此，矿工易患感冒、上呼吸道炎症及风湿性疾病。

（4）其他危害因素

由风动工具、皮带运输机发出的噪声和振动，可引起职业性噪声聋和振动病。劳动强度大和不良工作体位易使矿工患腰腿痛、关节炎等。矿山开采中的片帮冒顶以及由运输和机械造成的事故常是矿工外伤发生的主要原因。

17. 冶金行业工伤预防工作重点关注的职业性危害有哪些?

冶金工业生产中主要的有害因素有高温、强辐射热、粉尘、一氧化碳和噪声等。

（1）高温和强辐射热

在冶金生产中，矿粉的加工烧结、炼焦、炼铁、炼钢、轧钢等环节都属高温作业，因此较易发生中暑。灼热的物体辐射出的大量红外线易引起职业性白内障。

（2）粉尘

在生产中，从井下开采、运输、破碎到选矿、混料、烧结等环节都有很高浓度的粉尘，长期接触会导致尘肺，多为硅肺。

（3）一氧化碳

在煤气中一氧化碳含量为30%左右，故在接触煤气的岗位，如不注意防护，就可能发生一氧化碳中毒。

（4）其他

空压机、风机、轧钢机等发出的强噪声，易引起职业性噪声聋；由于接触火焰、钢水、钢渣、钢锭的机会较多，极容易发生烧灼伤；接触高温辐射的工人中，易发生火激红斑、色素沉着、毛囊炎及皮肤化脓等疾患；由于高温作用，肠道活动出现抑制反应，使消化不良和胃肠道疾患增多，高血压的发病率也比一般工人高。

18. 机械行业工伤预防工作重点关注的职业性危害有哪些?

机械制造行业的职业有害因素主要包括以下几个方面：

（1）生产性粉尘

主要粉尘作业是铸造。在型砂配制、制型、落砂、清砂等过程中，都可使粉尘飞扬，特别是用喷砂工艺修整

铸件时，粉尘浓度很高，所用的石英危害较大。在机械加工过程中，对金属零件的磨光与抛光可产生金属和矿物性粉尘，可引起磨工尘肺。电焊时焊药、焊条芯及被焊接的材料，在高温下蒸发产生大量的电焊粉尘和有害气体，长期吸入较高浓度的电焊粉尘可引起电焊工尘肺。

（2）高温、热辐射

机械制造厂的高温和热辐射主要在铸造、锻造和热处理等工种。铸造车间的熔炉、干燥炉、熔化的金属、热铸件、锻造及热处理车间的加热炉和炽热的金属部件都产生强烈的热辐射，形成高温环境，严重时会引发中暑。

（3）有害气体

熔炼炉和加热炉均可产生一氧化碳和二氧化碳，加料口处的浓度往往很高；用酚醛树脂等作黏合剂时产生甲醛和氨；黄铜熔炼时产生氧化锌烟，引起“铸造热”；热处理时可产生有机溶剂蒸气，如苯、甲苯、甲醇等；电镀时可产生铬酸雾、镍酸雾、硫酸雾及氰化氢；电焊时可产生一氧化碳和氮氧化物；喷漆时可产生苯、甲苯及二甲苯蒸气。

（4）噪声、振动和紫外线

机械制造过程中，使用砂型捣固机、风动工具、锻锤、砂轮磨光、铆钉等，均可产生强烈的噪声；电焊、气焊、亚弧焊及等离子焊接产生的紫外线，如防护不当均可引起电光性眼炎。

（5）重体力劳动和外伤、烫伤

在机械化程度较差的企业，浇铸、落砂、手工锻造等都是较繁重的体力劳动，即使使用气锤或水压机，由于需要变换工件的位置和方向，体力劳动强度也很大；同时，要在高温下作业，故易引起体温调节和心血管系统功能的改变。铸造和锻造作业的外伤及烫伤率较高，多是由于铁水、钢水、铁屑、铁渣飞溅所致；机加工车间发生眼、手指外伤的较多。另外，金属切削过程中使用的冷却液对工人的皮肤也有一定的危害。

19. 什么是职业病?

当职业有害因素作用于人体的强度与时间超过一定的限度时，人体不能代偿其所造成的功能性或器质性病理的改变，从而出现相应的临床症状，影响劳动能力，这类疾病通称为职业病。一般被认定为职业病，应具备三个条件：一是该疾病应与工作场所的职业性有害因素密切相关；二是所接触的有害因素的剂量（浓度或强度）无论过去或现在，都足可导致疾病的发生；三是必须区别职业性与非职业性病因所起的作用，而前者的可能性必须大于后者。

根据《职业病防治法》，职业病是指企业、事业单位和个体经济组织等用人单位的劳动者在职业活动中，因接触粉尘、放射性物质和其他有毒、有害因素而引起的疾病。

[相关链接]

医学上所称的职业病是泛指职业有害因素所引起的特定疾病，而在立法的意义上，职业病却具有一定的范围，即凡由国家政府主管部门明文规定的职业病，统称为法定职业病。

［知识学习］

发生职业病的三个条件：有害因素的性质；有害物质能在体内蓄积；人的健康状况。

20. 国家为什么要调整职业病分类和目录？

1957年我国首次发布了《关于试行“职业病范围和职业病患者处理办法”的规定》，将职业病确定为14种；1987年对其进行调整，增加到9类99种；2002年，为配合《职业病防治法》的实施，原卫生部联合原劳动和社会保障部发布了《职业病目录》，将职业病增加到10类115种。

近年来，随着我国经济快速发展，新技术、新材料、新工艺的广泛应用，以及新的职业、工种和劳动方式不断产生，劳动者在职业活动中接触的职业病危害因素更为多样、复杂。不少地方、部门和劳动者反映现行《职业病目录》历时10余年，已不能完全反映当前职业病现状，有必要进行适当调整。2011年12月31日，第十一届全国人民代表大会常务委员会第二十四次会议审议通过了《关于修改〈中华人民共和国职业病防治法〉的决定》，其中规定“职业病的分类和目录由国务院卫生行政部门会同国务院安全生产监督管理部门、劳动保障行政部门制定、调整并发布。工会组织依法对职业病防治工作进行监督，维护劳动者的合法权益”。根据《职业病防治法》的有关规定，为切实保障劳动者健康及其相关权益，国家卫生和计划生育委员会、国家安全生产监督管理总局、国家人力资源和社会保障部以及全国总工会联合对《职业病分类和目录》进行了调整。

21. 最新的职业病分类和目录都有哪些重要调整?

2002年，原卫生部联合原劳动和社会保障部发布了《职业病目录》，将职业病增加到10类115种，与1987年职业病分类比较，增加1类，即将职业性放射性疾病从物理因素所致疾病分类中提出，单独分为一类。2013年12月23日为了保持与《职业病防治法》中关于职业病分类和目录表述一致，将原《职业病目录》修改为《职业病分类和目录》。

根据《职业病分类和目录》调整的原则和职业病的遴选原则，修订后的《职业病分类和目录》由原来的115种职业病调整为132种（含4项开放性条款）。其中新增18种，对2项开放性条款进行了整合。另外，对16种职业病的名称进行了调整。

调整后仍然将职业病分为10类，其中3类的分类名称做了调整。一是将原“尘肺”与“其他职业病”中的呼吸系统疾病合并为“职业性尘肺病及其他呼吸系统疾病”；二是将原“职业中毒”修改为“职业性化学中毒”；三是将“生物因素所致职业病”修改为“职业性传染病”。

［相关链接］

职业病的遴选遵循以下原则：

（1）有明确的因果关系或剂量反应关系。

（2）有一定数量的暴露人群。

（3）有可靠的医学认定方法。

（4）通过限定条件可明确界定职业人群和非职业人群。

（5）患者为职业人群，即存在特异性。

22. 最新的职业病分类和目录都有哪些?

（1）职业性尘肺病及其他呼吸系统疾病

1）尘肺病：矽肺；煤工尘肺；石墨尘肺；炭黑尘肺；石棉肺；滑石尘肺；水泥尘肺；云母尘肺；陶工尘肺；铝尘肺；电焊工尘肺；铸工尘肺；根据《尘肺病诊断标准》和《尘肺病理诊断标准》可以诊断的其他尘肺病。

2）其他呼吸系统疾病：过敏性肺炎；棉尘病；哮喘；金属及其化合物粉尘肺沉着病（锡、铁、锑、钡及其化合物等）；刺激性化学物所致慢性阻塞性肺疾病；硬金属肺病。

（2）职业性皮肤病

接触性皮炎；光接触性皮炎；电光性皮炎；黑变病；痤疮；溃疡；化学性皮肤灼伤；白斑；根据《职业性皮肤病的诊断总则》可以诊断的其他职业性皮肤病。

（3）职业性眼病

化学性眼部灼伤；电光性眼炎；白内障（含放射性白内障、三硝基甲苯白内障）。

（4）职业性耳鼻喉口腔疾病

噪声聋；铬鼻病；牙酸蚀病；爆震聋。

（5）职业性化学中毒

铅及其化合物中毒（不包括四乙基铅）；汞及其化合物中毒；锰及其化合物中毒；镉及其化合物中毒；铍病；铊及其化合物中毒；钡及其化合物中毒；钒及其化合物中毒；磷及其化合物中毒；砷及其化合物中毒；铀及其化合物中毒；砷化氢中毒；氯气中毒；二氧化硫中毒；光气中毒；氨中毒；偏二甲基肼中毒；氮氧化合物中毒；一氧化碳中毒；二硫化碳中毒；硫化氢中毒；磷化氢、磷化锌、磷化铝中毒；氟及其无机化合物中毒；氰及腈类化合物中毒；四乙基铅中毒；有机锡中毒；羰基镍中毒；苯中毒；甲苯中毒；二甲苯中毒；正己烷中毒；汽油中毒；一甲胺中毒；有机氟聚合物单体及其热裂解物中毒；二氯乙烷中毒；四氯化碳中毒；氯乙烯

中毒；三氯乙烯中毒；氯丙烯中毒；氯丁二烯中毒；苯的氨基及硝基化合物（不包括三硝基甲苯）中毒；三硝基甲苯中毒；甲醇中毒；酚中毒；五氯酚（钠）中毒；甲醛中毒；硫酸二甲酯中毒；丙烯酰胺中毒；二甲基甲酰胺中毒；有机磷中毒；氨基甲酸酯类中毒；杀虫脒中毒；溴甲烷中毒；拟除虫菊酯类中毒；铟及其化合物中毒；溴丙烷中毒；碘甲烷中毒；氯乙酸中毒；环氧乙烷中毒；上述条目未提及的与职业有害因素接触之间存在直接因果联系的其他化学中毒。

（6）物理因素所致职业病

中暑；减压病；高原病；航空病；手臂振动病；激光所致眼（角膜、晶状体、视网膜）损伤；冻伤。

（7）职业性放射性疾病

外照射急性放射病；外照射亚急性放射病；外照射慢性放射病；内照射放射病；放射性皮肤疾病；放射性肿瘤（含矿工高氡暴露所致肺癌）；放射性骨损伤；放射性甲状腺疾病；放射性性腺疾病；放射复合伤；根据《职业性放射性疾病诊断标准（总则）》可以诊断的其他放射性损伤。

（8）职业性传染病

炭疽；森林脑炎；布鲁氏菌病；艾滋病（限于医疗卫生人员及人民警察）；莱姆病。

（9）职业性肿瘤

石棉所致肺癌、间皮瘤；联苯胺所致膀胱癌；苯所致白血病；氯甲醚、双氯甲醚所致肺癌；砷及其化合物所致肺癌、皮肤癌；氯乙烯所致肝血管肉瘤；焦炉逸散物所致肺癌；六价铬化合物所致肺癌；毛沸石所致肺癌、胸膜间皮瘤；煤焦油、煤焦油沥青、石油沥青所致皮肤癌；β–萘胺所致膀胱癌。

（10）其他职业病

金属烟热；滑囊炎（限于井下工人）；股静脉血栓综合征、股动脉闭塞症或淋巴管闭塞症（限于刮研作业人员）。

［法律提示］

2013年12月23日，国家卫生和计划生育委员会、人力资源和社会保障部、国家安全生产监督管理总局和全国总工会联合下发了《职业病分类和目录》（国卫疾控发〔2013〕48号），从即日起施行。2002年4月18日原卫生部和原劳动和社会保障部联合印发的《职业病目录》同时废止。

23. 职业病防治的原则是什么?

预防职业病危害应遵循以下三级预防原则：

（1）一级预防

从根本上使劳动者不接触职业病有害因素，如改变工艺，改进生产过程，确定容许接触量或接触水平，使生产过程达到安全标准，对人群中的易感者根据职业禁忌证避免有关人员进入职业禁忌岗位。

（2）二级预防

在一级预防达不到要求、职业病有害因素已开始损伤劳动者的健康时，应及时发现，采取补救措施，主要工作是进行职业危害及健康的早期检测与及时处理，防止其进一步发展。

（3）三级预防

对已患职业病者，作出正确诊断，及时处理，包括及时脱离接触进行治疗、防止恶化和并发症，使其恢复健康。

[法律提示]

与《职业病防治法》相配套的规章有：《国家职业卫生标准管理办法》《职业病危害项目申报管理办法》《建设项目职业病危害分类管理办法》《职业卫生监护管理办法》《职业病诊断与鉴定管理办法》《职业病危害事故调查处理办法》。

24. 如何理解工作场所有害因素职业接触限值?

（1）接触限值

是指劳动者在职业活动过程中长期反复接触对机体不引起急性或慢性有害健康影响的容许接触水平。化学因素的职业接触限值可分为时间加权平均容许浓度、最高容许浓度和短时间接触容许浓度三类。

（2）时间加权平均容许浓度

是指以时间为权数规定的8 小时工作日的平均容许接触水平。

（3）最高容许浓度

是指工作地点、在一个工作日内、任何时间都不应超过的有毒化学物质的浓度。

（4）短时间接触容许浓度

是指一个工作日内，任何一次接触不得超过的15分钟时间加权平均的容许接触水平。

（5）工作场所

是指劳动者进行职业活动的全部地点。

（6）工作地点

是指劳动者从事职业活动或进行生产管理过程而经常或定时停留的地点。

[相关链接]

应该采用正确的作业场所环境检测方法：

（1）物理因素监测：如噪声作用强度可以用噪声剂量计连续测定；评价热辐射强度用单向辐射热计和黑球温度计测定其作用强度。

（2）化学毒物监测：分为区域采样和个体采样两种方式；生物学检测，分直接测试、间接测试等。

（3）生产性粉尘监测：目前我国生产性粉尘卫生标准有时间加权平均容许浓度、总粉尘浓度和呼吸性粉尘容许浓度，同时还要对粉尘中游离二氧化硅的含量进行测定。

25. 什么是职业危害的评价?

职业危害的评价就是判断职业危害的程度，主要包括接触评价和危害评价两个方面。

接触评价主要是通过弄清工人目前工作中接触的职业有害因素强度、接触频率以及接触时间，并与相关职业卫生标准进行比较，以此判断职业危害程度。

危害评价主要是解决职业有害因素对工人的健康现在影响如何、不久的将来影响如何、在他们人生的工作期间影响如何以及对后代影响如何等问题。

开展职业危害的评价工作，需要从采样方式和技术、环境测定（包括仪器使用）、气溶胶科学、分析技术、统计学以及各种环境物质作用于人类健康的类型和方式（如侵入途径、急性或蓄积作用等）、劳动生理学和生物学监测等多方面入手，需要多方面不同程度的知识和综合分析能力，是一项专业性很强的工作。

[相关链接]

职业有害因素识别的常用方法包括：

（1）经验法

根据以往的工作经验和原有的资料积累识别出作业环境中的有害因素。

（2）类比法

参考同类工艺、同类生产设备等条件相同或相近的企业存在的有害因素来识别自身工作场所的有害因素。

（3）工艺过程等综合分析法

通过对整个工艺过程和操作条件，以及工艺过程中使用的原材料、产生的中间产品、最终产品、副产品等物质的性质进行认真分析，找出整个工艺过程中产生的有害因素。

26. 怎么进行职业危害控制?

无论是对职业有害因素的识别还是对它的评价，两者本身都不能防止职业危害的产生及其对健康的影响，只有控制好工作环境中的职业有害因素，才能防止职业危害的发生及其对健康的影响。职业危害控制是职业卫生工作的根本目的。

对职业危害的控制措施，一般包括三个方面：

（1）工程措施

通过采取工程技术的手段，消除或减少污染物质的使用，降低职业有害因素强度。

（2）管理措施

如改变工人在接触有害因素的场所工作的时间、工作方式等手段，降低工人接触职业有害因素程度。

（3）个体防护措施

在作业环境中的职业有害因素暂时无法达到职业卫生标准的情况下，通过提供适当的个体防护用品，降低工人接触职业有害因素强度。

[相关链接]

职业禁忌，是指从业人员从事特定职业或者接触特定职业有害因素时，比一般职业人群更易于遭受职业危害损伤和罹患

职业病，或者可能导致原有自身疾病的病情加重，或者在从事作业过程中诱发可能导致对他人生命健康构成危险的疾病的个人特殊生理或者病理状态。

［知识学习］

在考虑使用个体防护用具之前，必须首先仔细考虑其他可能的控制措施，因为在常规的接触控制中的个体防护是最令人不舒适的一种方式，尤其是针对气体污染物的防护。

27. 企业职工有哪些职业卫生权利？

（1）获得职业安全卫生教育、培训的权利。

（2）获得职业卫生检查、职业病诊治、康复等职业危害防治服务的权利。

（3）了解作业场所产生或者可能产生的职业有害因素、危害后果和应当采取的职业危害防治措施的权利。

（4）要求用人单位提供符合要求的职业危害防护设施和个人使用的职业危害防护用品，改善工作条件的权利。

（5）对违反职业危害防治法律、法规、规章和国家标准及行业标准，危及生命健康的行为提出批评、检举和控告的权利。

（6）拒绝违章指挥和强令进行没有职业危害防护措施的作业的权利。

（7）参与用人单位职业安全卫生工作的民主管理，对职业危害防治工作提出意见和建议的权利。

［相关链接］

从业人员的职业卫生义务包括：应当学习和掌握相关的职业安全卫生知识，遵守职业危害防治法律、法规、规章和操作规程，正确使用、维护职业危害防护设备和个体防护用品，发现职业危害事故隐患应当及时报告。

28. 什么是职业卫生安全管理体系？

职业卫生安全管理体系，是指为建立职业卫生安全方针和目标以及实现这些目标所制定的一系列相互联系或相互作用的要素，它是职业卫生安全管理活动的一种方式。

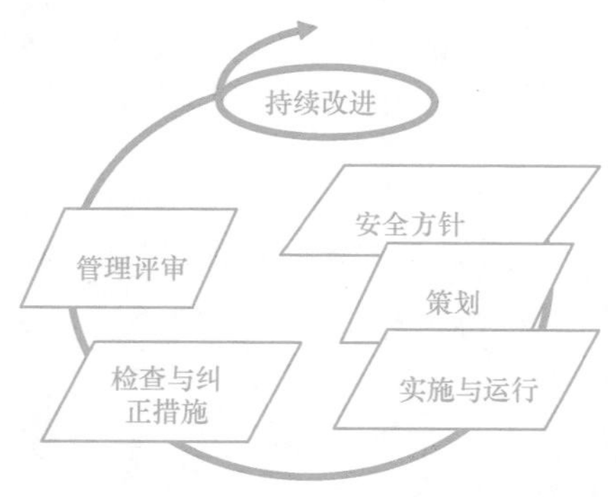

职业卫生安全管理体系的运行模式可以追溯到一系列的系统思想，最主要的是爱德华·戴明的PDCA（策划、实施、评价、改进）循环概念。在此概念的基础上并结合职业卫生安全管理活动的特点，不同的职业卫生安全管理体系标准提出了基本相似的职业卫生安全管理体系运行模式，如ILO—OSH 2001的运行模式为方针、组织、计划与实施、评价、改进措施；OHSAS 18001的运行模式为职业卫生安全方针、策划、

实施与运行、检查与纠正措施、管理评审。

［相关链接］

国际标准化组织在1995年上半年开始职业卫生安全管理体系标准化工作，1996年英国颁布BS 8800《职业卫生安全管理体系指南》，美国工业卫生协会制定《职业卫生安全管理体系》指导性文件；1997年澳大利亚、新西兰提出《职业卫生安全管理体系原则、体系和支持技术通用指南》草案，日本工业卫生安全协会（JISHA）提出《职业卫生安全管理体系导则》。

1999年英国标准协会（BSI）、挪威船级社（DNV）等13个组织发布职业卫生安全评价系列（OHSAS）标准：《职业卫生安全管理体系——规范》（OHSAS 18001）和《职业卫生安全管理体系——OHSAS 18001实施指南》（OHSAS 18002）。2007年7月1日，第二版标准OHSAS 18001—2007正式发布。

29. 职业卫生安全管理体系有哪些基本要素?

职业卫生安全管理体系标准共包括四个主要部分：范围、引用文件、术语定义和职业卫生安全管理体系要求。核心的内容是第四部分：职业卫生安全管理体系要求，其中一级要素6项，共18条要素。职业卫生健康管理体系的18条要素，充分体现了管理体系PDCA的运行模式。

[相关链接]

中国在1996年初开展了职业卫生安全管理体系标准的初步研究。1998年原劳动部劳动保护研究所和中国劳动保护科学技术学会提出了《职业卫生安全管理体系规范及使用指南》，1999年10月原国家经贸委颁布了《职业卫生安全管理体系试行标准》，2001年开始国家标准化管理委员会相继颁布《职业卫生安全管理体系规范》（GB/T 28001—2001）和《职业卫生安全管理体系指南》（GB/T 28002—2002）。

目前，我国许多企业都是依据国家标准和OHSAS 18001建立和认证职业卫生安全管理体系的。

30. 职业卫生安全管理体系建立与实施有哪几个主要步骤?

一个组织的职业卫生安全管理体系的建立一般包括三个阶段：第一是体系建立阶段，包括决策准备、标准培训、初始评审、体系策划和文件编写；第二是体系运行阶段，包括内部审核、管理评审；第三是认证审核阶段，即外部审核（在组织需要外部认证时）。

体系的实施应该有以下几个主要步骤：学习与培训；初始评审；体系策划；文件编写；体系试运行；评审完善。

［相关链接］

职业卫生安全管理体系培训的对象主要分三个层次：管理层培训、内审员培训和全体员工的培训。管理层培训是体系建立的保证；内审员培训是建立和实施职业卫生安全管理体系的关键；全体员工培训是体系建立和顺利实施的根本。

试运行是指按照职业卫生安全管理体系的要求开展相应的卫生安全管理和活动，对职业卫生安全管理体系进行试运行，以检验体系策划与文件化规定的充分性、有效性和适宜性。

31. 职业卫生安全管理体系审核的类型有哪几种?

职业卫生安全管理体系审核包括内部审核、管理评审和第三方认证审核（外部审核）。

内部审核是指组织确保按计划的时间间隔对职业卫生安全管理体系进行内部审核，主要作用是判定职业卫生安全管理体系：是否符合职业卫生安全管理的预定安排，包括标准的要求；是否得到了恰当的实施和保持；是否有效满足组织的方针和目

标。最终向管理层报告审核结果。

管理评审是指最高管理者按计划的时间间隔，对组织的职业卫生安全管理体系进行评审，以确保其持续适宜性、充分性和有效性。评审应包括评价改进机会和对职业卫生安全管理体系进行修改的需求，包括职业卫生安全方针和目标的修改需求。组织应保存管理评审记录。

外部审核是指需要通过外部认证机构对组织的职业卫生安全管理体系进行认证（或注册）的方式来证实其对标准的符合性，并取得认证机构的认可后颁发证书。

[相关链接]

在职业卫生安全管理体系运行初期，可进行初始评审。

初始评审是建立职业卫生安全管理体系的基础工作，是评估和摸清职业卫生安全管理现状的一种手段。初始评审的主要内容是：收集、评价组织适用的法律、法规及其他要求；危险因素与有害因素辨识和风险评价，识别评价组织活动、产品和服务过程中的风险；评价所有现行职业卫生安全管理和活动的符合性和有效性；对以往事故、事件的调查以及纠正、预防措施进行调查与评价。

32. 什么是职业卫生安全管理体系认证?

职业卫生安全管理体系认证是由认证机构依据审核准则，按规定程序和方法对受审核方的职业卫生安全管理体系通过实施审核及认证评定，确认受审核方的职业卫生安全管理体系的符合性及有效性，并颁发证书与标志的过程。

认证程序包括：组织提交书面申请→申请评审、合同评审→签订认证合同→任命审核组长、组建审核组→第一阶段审核

→第二阶段审核→对纠正措施的跟踪验证→完成审核报告，做出推荐结论→认证评定→颁发认证证书→证后监督审核以保持认证→复评（有效期满）→换发认证证书。

［相关链接］

获得认证证书的单位，根据法规和标准的要求，在认证证书有效期满时，应重新提出认证申请。认证机构受理后，重新对用人单位进行的审核称为复评。

复评的目的是为了证实用人单位的职业卫生安全管理体系持续满足职业卫生安全管理体系审核标准的要求，且职业卫生安全管理体系得到了很好的实施和保持。

第三章　粉尘的危害与控制

33. 什么是生产性粉尘？按性质如何分类？

在生产过程中形成的，能够较长时间漂浮在作业场所空气中的固体微粒，叫生产性粉尘。生产性粉尘按其性质一般分为以下几类：

（1）无机粉尘

矿物性粉尘，如石英、石棉、滑石、煤等；金属性粉尘，如铁、锡、铝、锰、铅、锌等；人工无机粉尘，如金刚砂、水泥、玻璃纤维等。

（2）有机粉尘

动物性粉尘，如毛、丝、骨质等；植物性粉尘，如棉、麻、草、甘蔗、谷物、木、茶等；人工有机粉尘，如有机农药、有机染料、合成树脂、合成橡胶、合成纤维等。

（3）混合性粉尘

它是上述各类粉尘，以两种以上物质混合形成的粉尘，在生产中这种粉尘最多见。

［相关链接］

根据粒子在呼吸道沉积部位不同，粉尘可分为：

（1）非吸入性粉尘

一般认为，直径大于15微米的颗粒被吸入呼吸道的机会非常少，所以称为非吸入性粉尘。

（2）可吸入性粉尘

直径小于15微米的颗粒可以吸入呼吸道，进入肺腔，因此称为可吸入性粉尘或者胸腔性粉尘。

（3）呼吸性粉尘

直径小于5微米以下的粉尘颗粒可到达呼吸道深部和肺泡区，进入气体交换区域，并沉积在呼吸性细支气管和肺泡上，被称为呼吸性粉尘。

34. 哪些工种易接触粉尘?

在各种不同的生产场所，可以接触到不同性质的粉尘。如在采矿、开山采石、建筑施工、铸造、耐火材料及陶瓷等行业，主要接触的粉尘是石英的混合粉尘；石棉开采、加工制造石棉制品时接触的是石棉或含石棉的混合粉尘；焊接、金属加工、冶炼时接触金属及其化合物粉尘；农业、粮食加工、制糖工业、动物管理及纺织工业等，接触植物或动物性有机粉尘为主。

［知识学习］

同一种粉尘，在作业环境中浓度越高，暴露时间越长，对人体危害越严重。粉尘浓度稳定时，接触时间可以代表累积接触量。

35. 粉尘是如何影响人体健康的?

粉尘的不同特性可对人体引起各种不同的损害。如可溶性有毒粉尘进入呼吸道后，能很快被吸收后溶入血液，引起中毒；放射性粉尘，则可造成放射性损伤；某些硬质粉尘可损伤

眼角膜及眼结膜，引起角膜混浊和结膜炎等；粉尘堵塞皮脂腺和机械性刺激皮肤时，可引起粉刺、毛囊炎、脓皮病及皮肤皲裂等；粉尘进入外耳道混在皮脂中，可形成耳垢等。粉尘对机体影响最大的是对呼吸系统的损害，包括上呼吸道炎症、肺炎（如锰尘）、肺肉芽肿（如铍尘）、肺癌（如石棉尘、砷尘）、尘肺（如二氧化硅等尘）以及其他职业性肺部疾病等。

[知识学习]

人体具有很强的保护防御功能，能通过各种清除功能，使进入肺部的绝大部分粉尘排出体外。但长期吸入高浓度粉尘，吸入的粉尘量超过人体正常的防御功能时，就会引起一系列危害反应，其中危害最严重的是尘肺。

36. 为什么要监测作业场所的粉尘浓度?

要控制作业场所的粉尘浓度使之符合卫生标准要求，首先必须获得现场粉尘污染的第一手资料，如作业场所空气中粉尘浓度、粉尘中游离二氧化硅含量及粉尘的分散度等基本情况。这些情况是粉尘监测工作的主要内容，同时也是安全生产的需要。首先，粉尘监测是评价所采用的或改进的防尘措施效果好坏的依据；其次，因某些粉尘具有爆炸性，当其在空气中达到

一定浓度时，遇到明火就可能发生爆炸。

准确的作业现场粉尘监测是防尘工作的一个重要组成部分，是做好作业场所环境卫生学评价和搞好安全生产不可缺少的环节，也是评价粉尘控制效果最有效的手段。

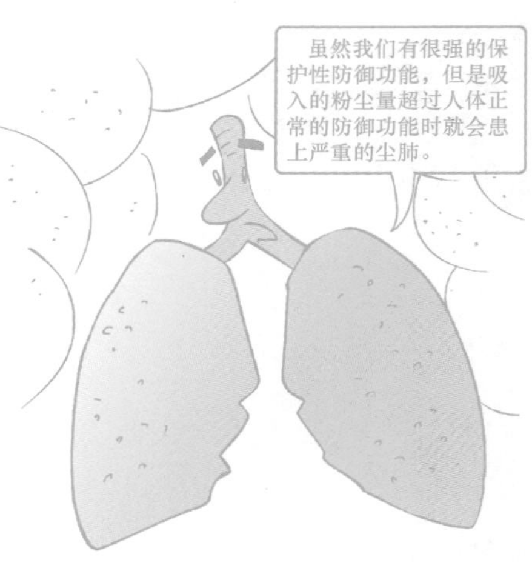

[知识学习]

作业场所，是指从业人员进行职业活动的所有地点，包括建设单位施工场所。

作业场所粉尘监测有以下几种：

（1）评价监测

适用于建设项目职业有害因素预评价、建设项目职业有害因素控制效果评价和职业有害因素现状评价等。

（2）日常监测

适用于对工作场所空气中有害物质浓度进行的日常的定期监测。

（3）监督监测

适用于职业卫生监督管理部门对用人单位进行监督时，对工作场所空气中有害物质浓度进行的监测。

（4）事故性监测

适用于对工作场所发生职业危害事故时，进行的紧急采样监测。

[相关链接]

在评价职业接触限值为时间加权平均容许浓度时，应选定有代表性的采样点，在空气中有害物质浓度最高的工作日采样1个工作班。

37. 怎么选择作业场所粉尘监测采样点?

（1）选择有代表性的工作地点，其中应包括空气中有害物质浓度最高、劳动者接触时间最长的工作地点。

（2）在不影响劳动者工作的情况下，采样点尽可能靠近劳动者；空气收集器应尽量接近劳动者工作时的呼吸地带。

（3）在评价工作场所防护设备或措施的防护效果时，应根据设备的情况选定采样点，在工作地点劳动者工作时的呼吸地带进行采样。

（4）采样点应设在工作地点的下风向，应远离排气口和可能产生空气涡流的地点。

（5）工作场所按产品的生产工艺流程，凡逸散或存在有害物质的工作地点，至少应设置1个采样点。

（6）劳动者工作是流动的时候，在流动的范围内，一般每隔10米设置1个采样点。

[相关链接]

采样时段按如下情况确定：

（1）采样必须在正常工作状态和环境下进行，避免人为因素的影响。

（2）空气中有害物质浓度随季节发生变化的工作场所，应将空气中有害物质浓度最高的季节选择为重点采样季节。

（3）在工作周内，应将空气中有害物质浓度最高的工作日选择为重点采样日。

（4）在工作日内，应将空气中有害物质浓度最高的时段选择为重点采样时段。

38. 粉尘危害的防护原则是什么？

粉尘作业的劳动防护管理应采取三级防护原则：

（1）一级预防

一级预防措施主要包括：综合防尘；尽可能采用不含或含游离二氧化硅低的材料代替含游离二氧化硅高的材料；在工艺要求许可的条件下，尽可能采用湿法作业；使用个人防尘用品，做好个人防护。

对作业环境的粉尘浓度实施定期检测，使作业环境的粉尘浓度达到国家标准规定的允许范围之内。

根据国家有关规定，对工人进行就业前的健康体检，对患有职业禁忌证、未成年人、女职工，不得安排其从事禁忌范围的工作。

宣传教育、普及防尘的基本知识。

加强维护，对除尘系统必须加强维护和管理，使除尘系统处于完好、有效的状态。

（2）二级预防

二级预防措施主要包括：建立专人负责的防尘机构，制定防尘规划和各项规章制度；对新从事粉尘作业的职工，必须进行健康检查；对在职的从事粉尘作业的职工，必须定期进行健康检查，发现不宜从事接尘工作的职工，要及时调整。

（3）三级预防

三级预防措施主要包括：对已确诊为尘肺病的职工，应及时调整原工作岗位，安排合理的治疗或疗养，患者的社会保险待遇按国家有关规定办理。

［法律提示］

《职业病防治法》规定：职业病防治工作坚持预防为主、防治结合的方针，实行分类管理、综合治理。

39. 粉尘综合治理的“八字方针”是什么？

综合防尘措施可概括为八个字，即“革、水、密、风、管、教、护、检”。

“革”：工艺改革。以低粉尘、无粉尘物料代替高粉尘物料，以不产尘设备、低产尘设备代替高产尘设备，这是减少或消除粉尘污染的根本措施。

“水”：湿式作业可以有效地防止粉尘飞扬。例如，矿山

开采的湿式凿岩、铸造业的湿砂造型等。

“密”：密闭尘源，使用密闭的生产设备或者将敞口设备改成密闭设备。这是防止和减少粉尘外逸，治理作业场所空气污染的重要措施。

“风”：通风排尘。受生产条件限制，设备无法密闭或密闭后仍有粉尘外逸时，要采取通风措施，将产尘点的含尘气体直接抽走，确保作业场所空气中的粉尘浓度符合国家卫生标准。

“管”：领导要重视防尘工作，防尘设施要改善，维护管理要加强，确保设备的良好、高效运行。

“教”：加强防尘工作的宣传教育，普及防尘知识，使接尘者对粉尘危害有充分的了解和认识。

“护”：受生产条件限制，在粉尘无法控制或高浓度粉尘条件下作业，必须合理、正确地使用防尘口罩、防尘服等个人防护用品。

“检”：定期对接尘人员进行体检；对从事特殊作业的人员应发放保健津贴；有作业禁忌证的人员，不得从事接尘作业。

[相关链接]

有下列疾病者不宜从事粉尘作业：活动性结核病、严重的上呼吸道和支气管疾病、显著影响肺功能的肺或胸膜病变、严重的心血管疾病。

40. 有哪几种职业卫生监护?

职业卫生监护分为上岗前检查、在岗期间定期健康检查、离岗时检查、离岗后医学随访和应急健康检查五类：

（1）上岗前检查

上岗前健康检查的主要目的是发现有无职业禁忌证，建立接触职业有害因素人员的基础健康档案。上岗前健康检查均为强制性职业卫生检查，应在开始从事有害作业前完成。

（2）在岗期间定期健康检查

定期健康检查的目的主要是：早期发现职业病病人、疑似职业病病人或劳动者的其他健康异常改变；及时发现有职业禁忌证的劳动者；通过动态观察劳动者群体健康变化，评价工作场所职业有害因素的控制效果。

（3）离岗时健康检查

劳动者在准备调离或脱离所从事的职业病危害的作业或岗位前，应进行离岗时健康检查，主要目的是确定其在停止接触职业有害因素时的健康状况。

（4）离岗后医学随访检查

如接触的职业有害因素具有慢性健康影响，或发病有较长的潜伏期，在脱离接触后仍有可能发生职业病，需进行医学随访检查。例如，尘肺病患者在离岗后需进行医学随访检查。

（5）应急检查

当发生急性职业病危害事故时，对遭受或者可能遭受急性职业病危害的劳动者，应及时组织健康检查。从事可能产生职业性传染病作业的劳动者，在疫情流行期或晋期密切接触传染源者，应及时开展应急健康检查，随时监测疫情动态。

［相关链接］

下列人员应进行上岗前健康检查：

（1）拟从事接触职业有害因素作业的新录用人员，包括转岗到该种作业岗位的人员。

（2）拟从事有特殊健康要求作业的人员，如高处作业、电工作业、驾驶作业等。

41. 职业卫生监护的主要作用有哪些方面？

（1）早期发现职业病、职业卫生损害、职业禁忌证。

（2）跟踪观察职业病及职业卫生损害的发生、发展规律及分布情况。

（3）评价职业卫生损害与作业环境中职业有害因素的关系及危害程度。

（4）识别新的职业有害因素和高危人群。

（5）进行目标干预，包括改善作业环境条件、改革生产工艺、采用有效的防护设施和个人防护用品，对职业病患者和疑似职业病及职业禁忌人员的处理与安置等。

（6）评价预防和干预措施的效果。

［相关链接］

用人单位有以下职业卫生监护职责：

（1）对从事接触职业有害因素作业的劳动者进行职业卫生监护。

（2）制定职业卫生监护制度和实施细则。

（3）建立职业卫生监护档案管理制度，有专人负责管理档案。

（4）保障职业卫生监护经费和劳动者上岗前、在岗期间、离岗时的职业卫生体检和离岗后的医学观察。

42. 什么是尘肺？尘肺病是如何分类的？

尘肺是由于在生产环境中长期吸入生产性粉尘而引起的肺弥漫性间质纤维化改变的全身性疾病。它是职业性疾病中影响面最广、危害最严重的一类疾病。目前我国将尘肺病分为12类：

（1）矽肺，由于吸入粉尘的主要成分是游离二氧化硅而引起。

（2）煤工尘肺，主要接触游离二氧化硅含量较低的煤尘所致。

（3）石墨尘肺，接触较高浓度的石墨粉尘引起。

（4）炭黑尘肺，接触吸入炭黑粉尘引起。

（5）石棉肺，由于吸入石棉粉尘后引起。

（6）滑石肺，由于吸入滑石粉尘后引起。

（7）水泥尘肺，由于吸入成品水泥粉尘引起。

（8）陶工尘肺，属于混合尘肺。吸入粉尘性质较杂，主要为含高岭土和一定量的游离二氧化硅粉尘。

（9）云母尘肺，接触含有一定量的游离二氧化硅、云母粉尘后引起。

（10）铝尘肺，长期吸入金属铝粉或氧化铝粉尘引起。

（11）电焊工尘肺，长期吸入了电焊时产生的烟尘所引起，这种烟尘成分与使用的焊条成分有关，属于混合性尘肺。

（12）铸工尘肺，吸入含游离二氧化硅量很低的黏土、石墨、石灰石、滑石等混合性粉尘引起的尘肺。

［知识学习］

矽肺是尘肺中进展最快，最为严重，也最常见，影响面较广的一种职业病。可能发生矽肺的作业有：采矿业的各种黑色、有色金属以及煤、氟、硫、磷等矿山的采掘、爆破、运输、原料破碎等作业；筑路、开凿隧道、修筑工事、兴修水利、地质勘探等作业；石英加工、玻璃、陶瓷、耐火材料业的原料破碎、过筛、拌料等作业；机械制造业的翻砂、清砂、喷砂等作业。

43. 尘肺对人体有哪些损害？

各类粉尘因其不同的特性，可对人体引起各种损害。如可溶性有毒粉尘进入呼吸道后，能很快被吸收后融入血液，引起中毒；放射性粉尘，则可造成放射性损伤；某些硬质粉尘可损伤眼角膜及结膜，引起角膜混浊和结膜炎等；粉尘堵塞皮脂腺和机械性刺激皮肤时，可引起粉刺、毛囊炎、脓皮病及皮肤皲裂等；粉尘进入外耳道混在皮脂中可形成耳垢，从而影

响听觉等。

粉尘对机体影响最大的是呼吸系统损害，包括上呼吸道炎症、肺炎（如锰尘）、肺肉芽肿（如铍尘）、肺癌（如石棉尘、砷尘）、尘肺（如二氧化硅等尘）以及其他职业性肺部疾病等。

尘肺发病工龄一般为20年左右，最短可在半年左右发病，病人常见的症状有咳嗽、咯痰、胸痛、气短及肺功能减退。很多患者最终可因肺的广泛纤维化出现呼吸衰竭或合并感染、气胸而死亡。

[知识学习]

尘肺主要影响肺功能，严重者会导致死亡。

44. 尘肺病的轻重程度主要与什么有关?

在12种尘肺病中，其病变轻重程度主要与生产性粉尘中所含二氧化硅量有关，以矽肺最严重，其他尘肺病理改变和临床表现均较轻。石棉矿和石棉加工、制品厂产生的石棉尘不仅可引起石棉肺，还可导致肺癌及恶性胸膜间皮瘤。

[相关链接]

粉尘中二氧化硅的含量是影响尘肺轻重程度的主要因素。石棉尘可能会导致恶性肿瘤。

45. 尘肺危害的影响因素有哪些?

(1) 粉尘环境中游离二氧化硅含量

在粉尘环境中游离二氧化硅含量越高，粉尘浓度越大，则造成的危害越大。当粉尘中游离二氧化硅含量较大，且浓度很高，人长期吸入后，肺组织中形成矽结节。典型的矽结节由多层排列的胶原纤维构成，横断面似洋葱头状。早期矽结节中，胶原排列疏松，继而结节趋向成熟，胶原纤维可发生透明性变。随着时间的推移，矽结节增多、增大，进而融合形成团块状。在煤矿开采中，煤矿岩层往往也含有相当高的游离二氧化硅量，有时可高达40%，这些工人所接触的粉尘常为煤矽混合尘，如果长期大量吸入这类粉尘后，也可引起以肺纤维化为主的疾病。

(2) 接触时间

尘肺的发展是一个慢性过程，一般在持续吸入矽尘5 ~ 10年发病，有的长达5 ~ 20年或更久。但持续吸入高浓度、高游离二氧化硅含量的粉尘，经1～2年即可发病，成为“速发型尘肺”。

（3）粉尘分散度

分散度是表示粉尘颗粒大小的一个量度，以粉尘中各种颗粒直径大小的组成百分比来表示。小颗粒粉尘所占的比例越大，则分散度越大。分散度大小与尘粒在空气中的浮动和其在呼吸道中的阻留部位有密切关系，直径大于10微米的粉尘颗粒在空气中很快沉降，即使吸入也被鼻腔鼻毛阻留，随鼻涕排出；10微米以下的粉尘，绝大部分被上呼吸道所阻留；5微米以下的粉尘，可进入肺泡；0.5微米以下的粉尘，因其重力小，不易沉降，随呼气排出，故阻留率下降；而0.1微米以下的粉尘因布朗氏运动，阻留率又反而增高。

（4）机体状态

游离二氧化硅粉尘对细胞有杀伤力，是造成尘肺病变的基础。一般来说，进入呼吸道的粉尘98%在24小时内通过各种途径排出体外，粉尘浓度过大，超过机体清除能力时，滞留在肺内的量越大，病理改变也越严重。

凡有慢性呼吸道炎症者，则呼吸道的清除功能较差，呼吸系统感染尤其是肺结核，能促使矽肺病程迅速进展和加剧。此外，个体因素如年龄、健康素质、个人卫生习惯、营养状况等也是影响矽肺发病的重要条件。

[知识学习]

尘肺产生的影响因素主要有：空气中游离二氧化硅的含量；接触时间；粉尘分散度及身体健康状况。

46. 得了尘肺怎么办?

尘肺病人一旦确诊，应立即脱离接触有害粉尘，并做劳动

能力鉴定，即根据患者全身状况、X射线诊断分期及结合肺代偿功能确定，安排适当工作或休息。

此外，患者应善于自我保健，戒烟、戒酒，增加营养，并进行适当的体育锻炼和治疗，改善体质、延长寿命。

［知识学习］

尘肺确诊后一定要脱离有害粉尘接触，并且注意自我保健和锻炼，改善体质。

第四章　生产性毒物与职业中毒防治

47. 生产性毒物按其存在的形态可分为哪几类?

生产性毒物在生产环境中有以下几种形态：

（1）固体，如氰化钠、对硝基氯苯。

（2）液体，如苯、汽油等有机溶剂。

（3）气体，即常温、常压下呈气态的物质，如二氧化硫、氯气等。

（4）蒸气，固体升华、液体蒸发或挥发时形成蒸气，如喷漆作业中的苯、汽油、醋酸酯类等的蒸气。

（5）粉尘，能较长时间悬浮在空气中的固体微粒称作粉尘，其粒子大小多在0.1～10微米。机械粉碎、辗磨固体物质，粉状原料、半成品或成品的混合、筛分、运送、包装过程等，都能产生大量粉尘，如炸药厂的三硝基甲苯粉尘。

（6）烟（尘），微悬浮在空气中直径小于0.1微米的固体微粒。某些金属熔融时产生的蒸气在空气中迅速冷凝或氧化而形成烟，如熔炼铅所产生的铅烟，熔钢铸铜时产生的氧化锌烟。

（7）雾，悬浮于空气中的液体微滴，多由于蒸气冷凝或液体喷洒形成。如喷洒农药时的药雾，喷漆时的漆雾。

（8）气溶胶，悬浮与空气中的粉尘、烟及雾，统称为气溶胶。

［相关链接］

生产过程中形成或应用的各种对人体有害的化学物，称为生产性毒物。生产性毒物的分类方法很多，按其生物作用可分为神经毒、血液毒、窒息性毒及刺激性毒等；按其化学性质可分为金属毒、有机毒、无机毒等；按其用途可分为农药、食品添加剂、有机溶剂、战争毒剂等。

［知识学习］

凡少量物质进入人体后，能与人体的机体组织发生化学或者物理化学作用，并能造成机体暂时的或永久的病理状态者，称为毒物。

48. 生产劳动中人体与毒物有哪些接触机会?

生产劳动过程中，主要有以下一些生产操作可能接触到毒物：

（1）原料的开采和提炼

在开采过程中可形成粉尘或逸散出蒸气，如锰矿中的锰粉，汞矿中的汞蒸气；冶炼金属过程中产生大量的蒸气和烟，如炼铅。

（2）材料的搬运和贮藏

固态材料产生的粉尘，如有机磷农药；液态有毒物质包装泄漏，如苯的氨基、硝基化合物；贮存气态毒物的钢瓶泄漏，如氯气等。

（3）材料加工

原材料的粉碎、筛选、配料，手工加料时导致的粉尘飞扬及蒸气的逸出，不仅污染操作者的身体和环境，还可成为二次毒源。

（4）化学反应

某些化学反应如果控制不当，可发生意外事故，如放热产气反应过快，可发生“冒锅”，使物料喷出反应釜；易燃易爆物质反应控制不当可发生爆炸，反应过程中释放出有毒气体等。

（5）操作

成品、中间体或残余物料出料时，物料输送管道或出料口发生堵塞，工人进行处理，如成品的烘干、包装时，以及检修设备时，都可能因粉尘和有毒蒸气逸散而接触。

（6）生产中应用

在农业生产中喷洒杀虫剂，喷漆中使用苯作稀释剂，矿山掘进作业使用炸药等，用法不当就会造成污染。

（7）其他

有些作业虽未使用有毒物质，但在特定情况下也可接触到毒物以致发生中毒，如进入地窖、废巷道或地下污水井时发生硫化氢中毒等。

［相关链接］

接触生产性毒物的机会是相当多的，情况也比较复杂，平时必须对毒物的特性及生产条件有所了解，才能有效地加以预防。

49. 生产性毒物经过哪些途径进入人体?

生产性毒物进入人体的途径主要有三条:

(1)呼吸道

呼吸道是最常见和主要的途径。凡是呈气体、蒸气、粉尘、烟、雾形态存在的生产性毒物,在防护不当的情况下,均可经呼吸道侵入人体。人体的整个呼吸道都能吸收毒物。

(2)皮肤

皮肤是某些毒物吸收进入人体的途径之一,毒物可通过无损伤皮肤的毛孔、皮脂腺、汗腺被吸收进入血液。

(3)消化道

在生产环境中,单纯从消化道吸收而引起中毒的机会比较少见,往往是由于手被毒物污染后,直接用污染的手拿食物吃,而造成毒物随食物进入消化道。如手工包装敌百虫等农药时,就可能引起毒物经消化道吸收。

[相关链接]

能经皮肤进入血液的毒物有三类:

(1)能溶于脂肪及类脂质,主要是芳香族的硝基、氨基化合物,金属有机铅化合物等。其次为苯、甲苯、二甲苯、氯化烃类、醇类也可以被皮肤吸收一部分。

（2）能与皮肤中的脂酸根结合的物质，如汞及汞盐、砷的氧化物及盐类。

（3）具有腐蚀性的物质，如强酸、强碱、酚类及黄磷等。

50. 毒物对人体有哪些主要危害?

（1）局部刺激和腐蚀作用。如强酸（硫酸、硝酸）、强碱（氢氧化钠、氢氧化钾）等，可直接腐蚀皮肤和黏膜。

（2）阻止氧的吸收、运输和利用。如一氧化碳吸入后很快与血红蛋白结合，而影响血红蛋白运送氧气；刺激性气体和氯气吸入可形成肺水肿，妨碍肺泡的气体交换，使之不能吸收氧气；惰性气体或毒性较小的气体如氮气、甲烷、二氧化碳，可由于在空气中降低氧分压而造成窒息。

（3）改变机体的免疫功能。毒物干扰机体免疫功能，致使机体免疫功能低下，对某些疾病易感性增强。

（4）机体酶系统的活性受到抑制。

（5）“三致”，即致癌、致畸、致突变作用。

［相关链接］

化学物质的毒性程度，可分为四种：绝对毒性、相对毒性、有效毒性和急性毒作用。

51. 有哪些化学物质被列为高毒物品？

根据《高毒物品目录》规定，高毒物质共有54种：N–甲基苯胺；N–异丙基苯胺；氨；苯；苯胺；丙烯酰胺；丙烯腈；对硝基苯胺；对硝基氯苯/二硝基氯苯；二苯胺；二甲基苯胺；二硫化碳；二氯（代）乙炔；二硝基苯（全部异构体）；二硝基甲苯；三硝基甲苯；二氧化氮；甲苯–2，4–二异氰酸酯（TDI）；氟化氢；氟及其化合物（不含氟化氢）；镉及其化合物；铬及其化合物；汞；碳酰氯（光气）；黄磷；甲（基）肼；偏二甲基肼；甲醛；焦炉逸散物；肼；镍与难溶性镍化物；可溶性镍化物；羰基镍；磷化氢；硫化氢；硫酸二甲酯；氯化汞；氯化萘；氯甲基醚；氯（氯气）；氯乙烯；锰化合物（锰尘、锰烟）；铍及其化合物；铅（尘 / 烟）；砷化（三）氢；砷及其无机化合物 ；石棉（总尘/纤维 ）；铊及其可溶化合物；锑及其化合物；五氧化二钒烟尘；硝基苯；一氧化碳；氰化氢；氰化物。

［相关链接］

高毒物质的特点是：

（1）毒性强。

（2）危害大。

（3）易发生急、慢性中毒，尤其是急性中毒或者亚急性中毒。

（4）易发生癌变。

（5）易被利用于恐怖事件或战争。

52. 职业中毒有哪几种类型?

毒物引起的全身性疾病，称为中毒。由工业上使用的化学毒物引起的中毒，称为职业中毒。职业中毒分为三种类型：

（1）急性中毒

急性中毒是指一次短时间的，如几秒乃至数小时的经皮肤吸收或呼吸道吸入；如经口时，则指一次的摄入量或一次服用剂量所引起的中毒。

（2）慢性中毒

慢性中毒是指长时间的，如吸入、经皮肤侵入或经口摄入数月或数年引起的中毒。

（3）亚急性中毒

介于急性与慢性中毒之间的，称为亚急性中毒。

[相关链接]

急性中毒和慢性中毒，不仅与毒物的浓度（摄入量）有关系，还与对机体的作用有关系。如苯在急性中毒时，主要作用于中枢神经系统，而慢性中毒时，主要表现在造血系统方面病变。

53. 常见的职业中毒有哪几类?

按化学物质的种类、用途和毒作用，常见的职业中毒分为以下几类：

（1）金属中毒

金属，特别是重金属，侵入人体后，达到一定浓度均可产生毒性作用。

（2）刺激性气体中毒

氨、氯、二氧化硫、光气等气体主要引起急性中毒，出现急性支气管炎、化学性肺炎和肺水肿。

（3）窒息性毒物中毒

一氧化碳、硫化氢、氰化物、二氧化碳等中毒，可引起缺氧而发生昏迷。

（4）有机溶剂中毒

醇类、酯类、芳烃等，具有脂溶性，亲神经，主要有麻醉作用。

（5）苯的氨基、硝基化合物中毒

苯胺、硝基苯等可使血红蛋白氧化成高铁血红蛋白，由于高铁血红蛋白能显示青紫色并且不能携带氧，从而出现紫绀和缺氧。

（6）杀虫剂等农药中毒

很多杀虫剂，特别是有机杀虫剂，如有机磷杀虫剂、氨基甲酸酯等杀虫剂，主要作用于中枢神经系统，中毒可发生昏迷、抽搐。

［相关链接］

急性中毒有以下几种发病规律：

（1）急性中毒可影响多人。

（2）急性中毒与毒物的理化性质有关。

（3）急性中毒与毒物的浓度有关。

54. 职业性有害因素的控制应采取哪些综合措施？

（1）依靠立法管理，严格执行《职业病防治法》和国家、地方、行业颁布的有关法规和技术标准，根据单位情况制定安全管理制度和规程。

（2）控制危害源头，严格执行“三同时”管理。

（3）采用有效的工艺技术措施，将有害因素尽可能消除和控制在工艺流程和生产设备中，做到清洁生产。

（4）对目前技术和经济条件尚不能完全控制的职业危害，要采取有针对性的卫生保健和个人防护措施，加强安全教育。

（5）生产中使用的有毒的原材料、辅助材料，应按照规定申报、登记、注册，详细记录该物质的标志、理化性质、毒性、危害、防护措施、急救预案等。

（6）生产过程中的职业危害和防护要求应告知接触者，提高自身保护能力。

（7）为劳动者创造安全舒适的作业环境，减少心理紧张和生理损害。

［相关链接］

职业有害因素的控制是“三级预防”中的第一级预防，旨在从根本上消除和控制职业病危害的发生。

［知识学习］

职业病的“三级预防”是指：从根本上消除或控制职业危害因素（第一级预防）；及早发现轻微病损，采取防治措施（第二级预防）；对患者作出正确诊断，及时处理（第三级预防）。

55. 刺激性气体分为哪几种?

（1）无机酸类，硫酸、硝酸、盐酸等。

（2）成酸氧化物，二氧化硫、三氧化硫、二氧化氮、铬酐等。

（3）成酸氢化物，氟化氢、氯化氢、溴化氢、硫化氢等。

（4）成碱氢化物，氨。

（5）卤族元素，氟、氯、溴、碘。

（6）卤烃，溴甲烷、二氯甲烷、二氯乙烷、二溴乙烷等。

（7）无机氯化物，二氯化矾、三氯化磷、五氯化磷、三

氯氧磷、三氯化砷、三氯化锑、光气、四氯化硅等。

（8）醇类，氯乙醇、二氯乙醇等。

（9）醛类，甲醛、乙醛、丙烯醛等。

（10）有机酸类，甲酸、乙酸、丙烯酸、氯磺酸、苯二甲酸等。

（11）酯类，甲酸甲酯、乙酸乙酯、硫酸二甲酯、甲苯二异氰酸酯等。

（12）醚类，乙醚、二氯乙醚。

（13）胺类，乙二胺、丁胺、二乙烯三胺等。

（14）有机氟类，有机氟塑料热解气、全氟异丁烯等。

（15）环氧化物，环氧乙烷、环氧丙烷、环氧氯丙烷等。

（16）其他，如汽油、磷化氢等。

［相关链接］

刺激性气体大多是化学工业的重要原料、产品和副产品，多数具有腐蚀性。在生产过程中常因设备、管道被腐蚀而发生跑、冒、滴、漏现象，外溢的气体通过呼吸道进入人体可造成中毒事故。这种事故一旦发生，往往情况紧急，波及面广，危害较大。

56. 刺激性气体对人体的危害有哪些?

刺激性气体对人体的危害，临床上可分为急性和慢性。工业生产中以急性中毒较为常见。

（1）急性中毒

如眼及上呼吸道黏膜的刺激症状，喉部痉挛和水肿，化学性气管炎、支气管炎及肺炎，中毒性肺水肿，皮肤损害等，严重时可导致心、肾损害。

（2）慢性影响

长期接触低浓度的刺激性气体，可发生慢性结肠炎、鼻炎、支气管炎、牙齿酸蚀症，并可伴有神经衰弱综合征及消化道症状。有些刺激性气体还有致敏作用，如氯、二异氰酸甲苯酯可引起支气管哮喘，甲醛可致过敏性皮炎等。

［相关链接］

刺激性气体主要对呼吸道黏膜和肺组织产生刺激和灼烧作用，引起一系列变化。其中，化学性肺水肿是对呼吸功能的严重损伤，发生中毒后现场抢救应注意预防和治疗肺水肿，防止继发性感染。

57. 窒息性气体作用于人体的特点是什么？

窒息性气体是工农业生产中常见的有害气体，可分为单纯性和化学性两类。

单纯性气体（如氮气、甲烷、二氧化碳、水蒸气等）本身无毒性，但若它们在空气中含量高，会使氧的相对含量大大降低，随之动脉血氧分压下降，导致机体缺氧；化学性气体（如一氧化碳、氰化物、硫化氢等）能使氧的运送和组织用氧的功能发生障碍，造成全身组织缺氧。脑对缺氧最为敏感，所以窒息性气体中毒主要表现为中枢神经系统缺氧的一系列症状，如头晕、头痛、烦躁不安、定向力障碍、呕吐、嗜睡、昏迷、抽搐等。

[知识学习]

窒息性气体中毒临床表现以中枢神经系统缺氧症状为主，其治疗关键在于纠正缺氧，给予高压氧治疗。此外根据不同类型气体的致病性，宜选择相应的治疗物，如细胞色素C、亚硝酸钠—硫代硫酸钠、美蓝等。

58. 如何预防窒息性气体对人体的危害?

经常测定作业环境中窒息性气体浓度，维修管道防止漏气；产生窒息性气体的生产过程要密封并有通风设施；在较危险的区域安装自动报警仪；凡进入危险区工作时须戴防毒面具，操作后应立即离开，并适当休息；作业时最好多人同时工作，便于发生意外时自救、互救。

加强安全教育，普及预防窒息性气体中毒和急救知识，一旦发现中毒者应立即将其移到新鲜空气处，并注意给患者保暖，尽快将其送到医院抢救。

[知识学习]

凡有明显神经系统疾病、心血管系统疾病、严重贫血以及妊娠妇女、未成年人和老人均不宜在有窒息性气体存在的作业环境中工作。

59. 什么是高分子化合物?

高分子化合物实际上就是相对分子质量大的化合物，凡是相对分子质量高达数千至数百万，由千百个原子以共价键相互连接而成的物质，都属于高分子化合物。高分子化合物都是由许多结构相同的单体经聚合或缩合而成的大分子物质，如聚乙烯塑料是由许多乙烯单体聚合而成，酚醛树脂是由苯酚与甲醛缩聚而成。

高分子化合物有许多优异性能，如高强度、耐腐蚀、绝缘性能好、质量小、成品无毒或毒性小等，因而广泛应用于工农业、国防工业、医药和生活用品等方面。

[相关链接]

生产高分子化合物的基本原料有煤焦油、天然气和石油裂解气等，以石油裂解气应用最多，主要有不饱和烯烃和芳香烃类化合物（如乙烯、丙烯、丁二烯、苯、甲苯、二甲苯等）。生产中常用的单体多为不饱和烯烃、芳香烃及其卤代化合物、氰类、二醇和二胺类化合物，这些化合物多数对人健康有影响。

60. 高分子化合物对人体有哪些危害?

高分子化合物的成品毒性很小，对人体基本无危害，它的毒性主要取决于所含游离单体的种类和量及所用添加剂的毒性，如酚醛树脂遇热可游离出甲醛和苯酚，而后两者都对皮肤具有原发刺激作用。

塑料中的稳定剂如有机锡、铅盐等，环氧树脂的固化剂乙二胺，合成橡胶的引发剂如偶氮二异丁腈等，均对人体有危害。此外，添加剂与高分子化合物的内部成分逐步游离至表面，通过污染食品、水或皮肤接触，也可引起危害。

［相关链接］

高分子化合物本身对人无毒或毒性很小，但高分子化合物的粉尘，如聚氯乙烯粉尘，吸入后可致肺轻度纤维化。某些高分子化合物粉尘可致上呼吸道黏膜刺激症状。酚醛树脂、环氧树脂等对皮肤有原发性刺激或致敏作用。

61. 毒物危害的管理要点有哪些？

（1）杜绝跑、冒、滴、漏是监督管理的一大重点。

（2）安装通风排毒措施。

（3）配备防毒口罩、防毒面具、手套等个人防护用品。

（4）严禁违法倾倒或排出有毒物质。

（5）根据毒物的毒性和防护措施等，制定体格检查项目、周期，配备必需的急救设备。

（6）组织从业人员的安全生产教育，学习自救、互救知识。

（7）尽量消除或者替代毒物在生产中的接触机会。

（8）凡化学物品均须写明品名、毒性级别，并放在特定的、醒目的位置，不得任意乱放。

［相关链接］

易产生酸碱灼伤的岗位要设洗眼器和淋浴器，常备有弱酸、弱碱溶液，如3%硼酸液和5%碳酸氢钠溶液。

第五章　物理因素职业病及其防护

62. 生产性噪声主要来源于哪里?

在生产过程中产生的一切声音都称为生产性噪声。生产性噪声按其声音的来源可大致分为以下几种：

（1）机械性噪声

由于机器转动、摩擦、撞击而产生的噪声，如各种车床、纺织机、凿岩机、轧钢机、球磨机等机械所发出的声音。

（2）空气动力性噪声

由于气体体积突然发生变化引起压力突变或气体中有涡流，引起气体分子扰动而产生的噪声，如鼓风机、通风机、空气压缩机、燃气轮机等发出的声音。

（3）电磁性噪声

由于电机中交变力相互作用而产生的噪声，如发电机、变压器、电动机所发出的声音。

[知识学习]

根据物理学的观点，各种不同频率不同强度的声音杂乱地无规律地组合，波形呈无规则变化的声音称为噪声，如机器的轰鸣等。从生理学的观点来看，凡是使人厌倦的、不需要的声音都是噪声。比如对于正在睡觉或学习和思考问题的人来说，即使是音乐，也会使人感到厌烦而成为噪声。

63. 噪声有哪些危害?

噪声对人体的影响是全身性的、多方面的。噪声困扰妨碍正常的工作和休息，在噪声环境中工作，容易感觉疲乏、烦躁，造成注意力不集中、反应迟钝、准确性降低，直接影响作业能力和效率。如电话交换台的噪声从40分贝提高到50分贝，错误率增加将近50%。由于噪声掩盖了作业场所的危险信号或警报，往往造成工伤事故的发生。长期接触强烈噪声会对人体产生如下有害影响:

（1）听力系统

噪声的有害作用主要是对听力系统的损害。噪声作用初期，听阈可暂时性升高，听力下降，这是保护性反应；强噪声作用下，可导致永久性听力下降，内耳感音细胞遭损伤，引起噪声性耳聋；极强噪声可导致听力器官发生急性外伤，即爆震性耳聋。

（2）神经系统

长期接触噪声可导致大脑皮层兴奋和抑制功能的平衡失调，出现头痛、头晕、心悸、耳鸣、疲劳、睡眠障碍、记忆力减退、情绪不稳定、易怒等。

（3）其他系统

长期接触噪声可引起其他系统的应激反应，如可导致心血管系统疾病加重，引起肠胃功能紊乱等。

［知识学习］

从卫生学角度，50～300赫兹的低频噪声危害最小；300～ 2000赫兹的中频噪声危害中等；2000～8000赫兹的高频噪声危害最大。

64. 如何控制生产性噪声？

（1）消除或降低声源的噪声，使其降低到噪声卫生标准。

（2）消除或减少噪声传播，从传播途径上控制噪声，主要是阻断和屏蔽声波的传播。

具体措施有：企业总体设计布局要合理，强噪声车间要与一般车间以及职工生活区分开；车间内强噪声设备与一般生产设备分开；利用屏蔽阻止噪声传播，如隔声罩、隔声板、隔声墙等隔离噪声源，强噪声作业场所要设置隔声屏；利用吸声材料装饰车间墙壁或悬挂在车间里，以吸收声能。

［相关链接］

预防噪声的卫生保健措施有以下几个方面：

（1）加强个人防护是防止噪声性耳聋简单而易行的重要措施，个人防护用品有防声耳罩、耳塞、帽盔。

（2）加强听力保护与健康监护，定期对工人进行健康检查，重点查听力，对高频听力下降超过15分贝者，应采取保护措施。就业前进行保健检查，以发现职业禁忌证。

（3）合理安排劳动与休息，实行工间休息制度，休息时要离开噪声源。

（4）监测车间噪声，鉴定噪声控制措施的效果，监督噪声卫生标准执行情况。

（5）为保护噪声作业工人的健康，就业前必须进行健康检查。这是预防噪声危害的重要保护措施之一。

65. 生产性振动如何分类?

生产性振动的分类情况如下：

（1）按振动作用于人体的部位分为局部振动和全身振动。

（2）按振动方向分为垂直振动和水平振动。

（3）按振动的波形分为正弦振动、复合周期振动、复合振动、随机振动、冲击振动和瞬变振动。

（4）按振动频率分类：1赫兹以下的振动为全身振动，可以引起运动病；1～100赫兹的振动既可以引起全身振动，也可以引起局部振动；而500～1 000赫兹的振动，则以局部振动作用为主，可引起局部振动病。

（5）按接触振动的方式分为连续振动和间断接触振动。

［知识学习］

振动是物体以中心为基准，在外力的作用下作往复运动的现象。在生产过程中，由机器转动、撞击或车船行驶等产生的振动为生产性振动。在生产中经常接触到的振动源有：

（1）风动工具，如铆钉机、凿岩机、风铲、风钻、捣固机等。

（2）电动工具，如电钻、电锤、电锯、砂轮等。

（3）运输工具，如汽车、火车、飞机、轮船、摩托车等。

（4）农业机械，如拖拉机、脱粒机、收割机等。

66. 生产性振动的主要危害有哪些?

一般人体手部接触的振动都是属于局部振动，局部振动能引起中枢及周围神经系统的功能改变，表现为条件反射受抑、条件反射潜伏期延长。生产性振动作用可使人体对振动的敏感性减弱或消失，痛觉与触觉也发生改变；振动对植物神经系统的作

用表现为组织营养改变，手指毛细血管痉挛，指甲易碎等。

振幅大而又有冲击力的生产性振动，往往可引起骨、关节改变，主要表现有脱钙、部分骨硬化、内生骨疣、局限性骨质增生或变形性关节炎。

局部振动可引起中枢及周围神经系统的功能改变。大振幅有冲击力的振动可以引起骨、关节的改变。

[相关链接]

振动病是长期接触生产性振动所引起的职业性危害，包括局部振动病和全身振动病。

局部振动病是由于局部肢体（主要为手）长期接受强烈振动，而引起的肢端血管痉挛、上肢周围神经末梢感觉障碍及骨关节骨质改变为主要表现的职业病。

全身振动除对前庭功能影响出现协调性减低的表现，还可引起植物神经症状及内脏移位，对于孕妇可能引起流产。

67. 振动对人体危害的常规防治措施有哪些?

预防振动的危害应从工艺改革入手：在可能的条件下，以液压、焊接、黏接等新工艺代替铆接；改进风动工具，采用减振装置，设计自动或半自动式操纵装置，减少手及肢体直接接触振动体；工具把手设缓冲装置；改进压缩空气的出口方位，防止工人受冷风吹袭。振动作业工人应发放双层衬垫无指手套或衬垫泡沫塑料的无指手套，以减振保暖。

建立合理的劳动制度，按接触振动的强度和频率，订立工间休息及定期轮换制度，并限定日接触振动的时间。

此外，就业前和工作后定期进行体检对及时发现和处理受振动损伤的作业人员也很重要。

［相关链接］

防止振动对人体危害的常规措施主要是对工艺进行改革、改善工人的工作环境、缩短每日接触振动的时间和定期检查。

68. 高温作业分为哪几类？

高温作业是指在高气温或高温、高湿或强热辐射条件下进行的作业，通常分为三种类型：

（1）高温、热辐射作业

这些生产场所的气象特点是气温高、热辐射强度大，而相对湿度较低，形成干热环境。如冶金工业的炼焦、炼铁、轧钢等车间；机械制造工业的铸造、锻造、热处理等车间；搪瓷、玻璃、砖瓦等工业的窑炉车间；火力发电厂和锅炉房等。

（2）高温、高湿作业

这种场所的气象特点是气温、湿度高，而热辐射强度不大，主要是由于生产过程中产生大量水蒸气或生产上要求车间内保持较高的相对湿度所致。如印染、缫丝、造纸等工业中液体加热或蒸煮时，车间气温可达35℃以上，相对湿度常高达90%以上。潮湿的矿井内气温可达30℃以上，相对湿度达95%以

上，如通风不良就会形成高温、高湿和低气流的气象条件，即湿热环境。

（3）夏季露天作业

夏季在农田劳动、建筑、搬运等露天作业中，除受太阳的辐射作用外，还接受被加热的地面和周围物体放出的辐射线。露天作业中的热辐射强度较低，但其作业的持续时间较长，加之中午前后气温升高，形成高温、热辐射的作业环境。

[知识学习]

中暑是高温环境下发生的一类疾病的总称。中暑的发生与周围环境温度有密切关系，一般当气温超过人体表面温度时，即有发生中暑的可能。但高温不是唯一的致病因素，生产场所的其他气象条件，如湿度、气流和热辐射也与中暑有直接关系。

69. 高温作业主要对人体的哪些方面产生影响？

（1）会使体表丧失散热作用，造成体温调节紊乱。

（2）对水和电解质平衡与代谢产生影响，大量出汗会使体内各种物质流失严重。

（3）对人体循环系统的影响。高温作业造成皮肤血管扩张，大量血液流向体表，使体内温度容易向外发散。

（4）对消化系统的不利影响。高温作业时，胃肠道活动出现抑制反应，消化液分泌减弱，胃液酸度降低。

（5）对神经系统影响严重。高温作业易引起作业人员的注意力、肌肉工作能力、动作准确性和协调性以及反应速度降低，极易造成工伤事故。

（6）会使尿液浓缩，增加肾功能负担，对泌尿系统影响严重。

[相关链接]

中暑按发病机理可分为热射病、日射病、热衰竭和热痉挛四种类型。

70. 高温危害控制主要有哪些手段?

从改进生产工艺过程入手，采用先进技术，实行机械化和自动化生产，从根本上改善劳动条件，减少或避免工人在高温或强热辐射环境下劳动，同时也减轻了劳动强度。如冶金车间的自动投料、自动出渣运渣，制砖场的自动生产线等。

在进行工艺设计时，应设法将热源合理布置，将其放在车间外面或远离工人操作地点。对于采用热压为主的自然通风，热源应布置在天窗下面。采用穿堂风通风的厂房，应将热源放在主导风的下风侧，使进入厂房的空气先经过工人的操作地带，然后经过热源位置排出。

隔热是减少热辐射的一种简便有效方法。对于现有设备中不能移动的热源和工艺要求不能远离操作带的热源，应设法采用隔热措施。如利用流动水吸走热量，是吸收炉口辐射热较理想的方法，可采用循环水炉门、瀑布水幕、水箱、钢板流水

等；也可利用导热系数小、导热性能差的材料，如炉渣、草灰、硅藻土、石棉、玻璃纤维等，制成隔热板或直接包裹在炉壁和管道外侧，达到隔热的目的。缺乏水源的工厂以及小型企业和乡镇企业，更适合于采用这种隔热方式。

通风是改善作业环境最常用的方法，常见的有自然通风和机械通风两种方式。自然通风是利用车间内外的热压和风压，使室内外空气进行交换，但是高温车间仅靠这种方式是不够的。在散热量大、热源分散的高温车间，一小时内需换气30～50次以上，才能使余热及时排出。因此，必须把进风口和排风口安排得十分合理，使其发挥最大的效能。

[知识学习]

预防中暑的方法：在高温环境下从事体力劳动的工人，在劳动前和劳动期间应注意休息、饮水、每日摄盐15克左右；除了在热适应的头几天外，过量的盐负荷是有害的，因为会导致钾丢失；气温特高时，可更改作息时间，早出工、晚收工而延长午休时间，以免因出汗过多，血容量减少而影响散热；在工作现场要增加通风降温设备。

71. 什么是射频辐射？

射频辐射也称无线电波，是指波长范围为1毫米～3千卡的电磁波，包括高频电磁场和微波。高频电磁场按波长可分为长波、中波、短波和超短波，微波分为分米波、厘米波和毫米波。

高频电流周围发生的交变电磁场可以按照它的波长的1/6为界，相对地划分为近场区（感应场）及远场区（辐射场）两个作用带。在感应区内，对人体的影响主要是电磁场的作用，在此区间内电场与磁场的强度大小没有一定的比例关系，在实际工作中要分别测定电场强度和磁场强度。当高频振荡电波的频率高达300兆赫兹以上时，工作人员都处在辐射场区内，受到的是辐射波能的影响。这种波长小于1米的电磁波称为微波，其强度以功率密度来表示。

［相关链接］

辐射是一种自然现象，我们时刻都处在辐射环境中，辐射已经成为当今社会的又一大污染源。

72. 射频辐射对人体的危害主要有哪些方面？

强度较大的无线电波对机体的主要作用是引起中枢神经和植物神经系统的功能障碍，主要症状为神经衰弱综合征，以头昏、乏力、睡眠障碍、记忆力减退最常见。

长时间受较强射频辐射伤害的典型症状是植物神经功能紊乱，如心动过缓、血压下降，但在大强度影响的后阶段，有的则相反呈心动过速、血压波动及高血压倾向，常有月经周期紊乱、性欲减退的临床主诉，但未见影响生育功能。微波接触者除神经衰弱症状较明显，持续时间较长外，还有脑电图慢波显著增加，周围血常规检查白细胞总数暂时下降。

长期接触大强度微波的人员中，发现晶状体点状或小片状浑浊，有个别白内障报告，一般认为微波能加速晶状体正常老化过程。

[相关链接]

接触射频辐射的工种主要有：高频感应加热，如高频热处理、焊接、冶炼；半导体材料加工等，使用频率多为300千～3兆赫兹。高频介质加热，如塑料制品热合，木材、棉纱、纸张、食品的烘干，使用频率一般在10兆～30兆赫兹。微波主要用于雷达导航、探测、通信、电视及核物理研究等，频率在3千兆～300千兆赫兹。微波加热应用近年来发展较快，用于食品加工、医学理疗、家庭烹调、木材纸张、药材、皮革的干燥等。

73. 紫外线对人体的危害有哪些？如何防护？

紫外线照射皮肤时，可引起血管扩张，出现红斑，过量照射可产生弥漫性红斑，并可形成小水疱和水肿，长期照射可使皮肤干燥、失去弹性和老化。紫外线与煤焦油、沥青、石蜡等同时作用于皮肤时，可引起光感性皮炎。

紫外线照射眼睛时，可引起急性角膜炎，常因电弧光如电焊引起，故称为电光性眼炎。

预防紫外线危害的措施主要有：采用自动或半自动焊接作业，增大人体与辐射源的距离；电焊工及其助手必须配戴专用的防护面罩或眼镜及适宜的防护手套，不得有裸露的皮肤；电焊工操作时应使用移动屏幕围住作业区，以免其他工种的人员受到紫外线照射；电焊时产生的有害气体和烟尘，应采用局部排风措施加以排除。

［相关链接］

电焊工工作时除要戴护目眼镜外，还应戴口罩、面罩，穿戴好防护手套、脚盖、帆布工作服。

74. 什么是电离辐射？其职业接触机会有哪些？

电离辐射是指一切能引起物质电离的辐射总称，包括α射线、β射线、γ射线、X射线、中子射线等，如生产上述测料位用的料位仪、X射线探伤及测厚仪，测水分用的中子射线，医学上用的X射线诊断机、γ射线治疗机，核医学用的放射性同位素试剂等。

接触电离辐射照射的主要工种有：

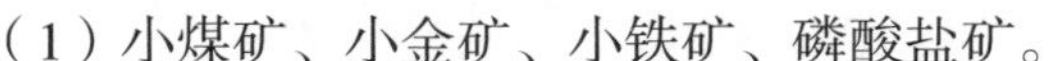

（1）小煤矿、小金矿、小铁矿、磷酸盐矿。

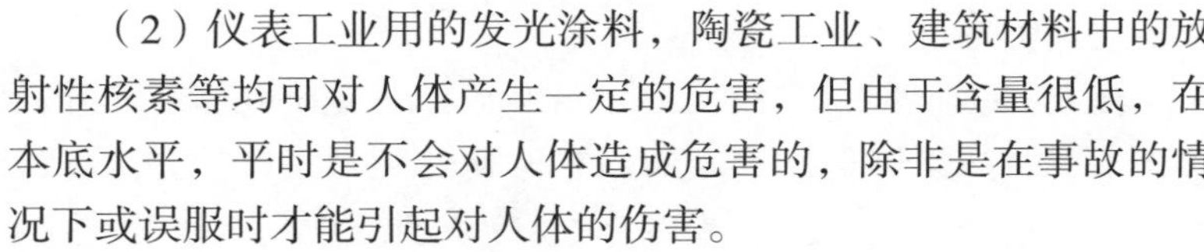

（2）仪表工业用的发光涂料，陶瓷工业、建筑材料中的放射性核素等均可对人体产生一定的危害，但由于含量很低，在本底水平，平时是不会对人体造成危害的，除非是在事故的情况下或误服时才能引起对人体的伤害。

［知识学习］

电离辐射以外照射和内照射两种方式作用于人体：外照射的特点是只要脱离或远离辐射源，辐射作用即停止；内照射是由于放射性核素经呼吸道、消化道、皮肤和注射途径进入人体后，对机体产生作用。

75. 电离辐射对人体的主要危害有哪些？

急性放射病是在短时间内大剂量辐射作用于人体而引起的，如全身照射超过100拉德时就能够发病。局部急性照射可产生局部急性损伤，如暂时性或永久性不育、白细胞暂时减少、造血障碍、皮肤溃疡、发育停滞等。急性放射损伤平时非常少见，只在从事核工业和放射治疗时，由于偶然事故而发生，或在核武器袭击下发生。

慢性放射病是在较长时间内接受一定剂量的辐射而引起的：全身长期接受超容许剂量的慢性照射可引起慢性照射病；局部接受超剂量的慢性照射可产生慢性损伤，如慢性皮肤损伤、造血障碍、生育能力受损、白内障等。慢性损伤常见于放射工作职业人群，以神经衰弱综合征为主，伴有造血系统或脏器功能改变，常见白细

胞减少。

放射性疾病已被法定为职业病，并有相应的国家诊断标准。

胚胎和胎儿对辐射比较敏感。在胚胎植入前期受照射，可使出生前死亡率升高；在器官形成期受照射，可使畸形率升高；在胎儿期受照射，小头症、智力迟钝等发育障碍的出现率增高。因此，对育龄妇女和孕妇，在放射性照射的防护上都有特殊的要求。

辐射的远期随机效应表现为辐射可能致癌和可能造成遗传损伤。在受到照射的人群中，白血病、肺癌、甲状腺癌、乳腺癌、骨癌等各种癌症的发生率随受照射剂量增加而增高。辐射可能使生殖细胞的基因突变和染色体畸变，使受照者的后代中各种遗传疾病的发生率增高。

[相关链接]

辐射包括电离辐射和非电离辐射。在核领域，辐射防护专指电离辐射防护。

76. 放射防护的常规方法有哪些?

放射防护工作一般分为内外防护两部分。

（1）外防护除控制放射源外，主要从时间、距离和屏蔽三个方面进行：

时间防护是在不影响工作质量的原则下，设法减少人员受照时间，如熟练操作技术、减少不必要的停留时间、几个人轮流操作等。

距离防护是在保证效果的前提下，应尽量远离辐射源。在操作中切忌直接用手触摸放射源，最好使用自动或半自动的作业方式。

屏蔽是外防护应用最多、最基本的方法，既有固定的，也有移动的；有直接用于辐射源运输储存的，也有用于房间设备以及个人佩戴的。屏蔽材料需根据射线的种类和能量来决定，如X、γ射线可用铅、铁、混凝土等物质；β射线宜用铝和有机玻璃等。

（2）内防护主要有围封隔离、除污保洁和个人防护三个环节。

围封隔离是采用与外界隔离的原则，把开放源控制在有限的空间内。根据使用放射性核素的放射性毒性大小、用量多少以及操作方式繁简，按照《放射性防护规定》，把放射性工作单位分为三类，一、二类单位不得设于市区，三类和属于二类医疗单位可设于市区。在污染源周围按单位类别要划出一定范围的防护监测区，作为定期监测环境污染的范围。放射性工作场所、放射源以及盛放放射性废物的容器等要加上明显的放射性标记，提醒人们注意。对人员和物品出入放射性工作场所要进行有效的管理和监测。

[相关链接]

个人防护的总原则是：应禁止一切能使放射性核素侵入人体的行为，如饮水、进食、吸烟、用口吸取放射性药物等。要根据不同的工作性质，配用不同的个人防护用具，如口罩、手套、工作服等。

第六章　劳动防护用品的管理与使用

77. 为什么从业人员必须按规定佩戴和使用劳动防护用品？

从业人员在劳动生产过程中应履行按规定佩戴和使用劳动防护用品的义务。

按照法律、法规的规定，为保障人身安全，用人单位必须为从业人员提供必要的、安全的劳动防护用品，以避免或者减轻作业中的人身伤害。但在实践中，由于一些从业人员缺乏安全知识，心存侥幸或嫌麻烦，往往不按规定佩戴和使用劳动防护用品，由此引发的人身伤害事故时有发生。另外，有的从业人员由于不会或者没有正确使用劳动防护用品，同样也难以避免受到人身伤害。因此，正确佩戴和使用劳动防护用品是从业人员必须履行的法定义务，这是保障从业人员人身安全和生产经营单位安全生产的需要。

［血的教训］

某日下午，某水泥厂包装工在进行倒料作业中，包装工王某因脚穿拖鞋，行动不便，重心不稳，左脚踩进螺旋输送机上部10厘米宽的缝隙内，正在运行的机器将其脚和腿绞了进去。王某大声呼救，其他人员见状立即停车并反转盘车，才将王某的脚和腿退出。尽管王某被迅速送到医院救治，仍造成左腿高位截肢。

造成这起事故的直接原因是王某未按规定穿工作鞋，而是穿着拖鞋，在凹凸不平的机器上行走，失足踩进机器缝隙。这起事故告诉我们，上班时间职工必须按规定佩戴劳动防护用品，绝不允许穿着拖鞋上岗操作。一旦发现这种违章行为，班组长以及其他职工应该及时纠正。

78. 劳动防护用品如何分类？

劳动防护用品分为特种劳动防护用品和一般劳动防护用品。

特种劳动防护用品目录由国家安全生产监督管理总局确定并公布，未列入该目录的劳动防护用品为一般劳动防护用品。

国家安全生产监督管理总局对全国劳动防护用品的生产、检验、经营和使用的情况实施综合监督管理。

省级安全生产监督管理部门对本行政区域内劳动防护用品的生产、检验、经营和使用的情况实施综合监督管理。

煤矿安全监察机构对监察区域内煤矿企业的劳动防护用品使用情况实施监察。

特种劳动防护用品实行安全标志管理。特种劳动防护用品安全标志管理工作由国家安全生产监督管理总局指定的特种劳动防护用品安全标志管理机构实施，受指定的特种劳动防护用品安全标志管理机构对其核发的安全标志负责。

[知识学习]

劳动防护用品，是指由企业为从业人员配备的，使其在劳动过程中免遭或者减轻事故伤害及职业危害的个人防护装备。

79. 个人劳动防护用品分为哪几类？

个人劳动防护用品在预防职业危害的综合措施中，属于第一级预防部分，当劳动条件尚不能从设备上改善时，劳动防护用品的使用还是主要的防护手段。在某些情况下，如发生中毒事故或设备检修时，合理使用个人防护用品，可起到重要的防护作用。

个人防护品有防护服装、防护鞋帽、防护手套、防护面罩及眼镜、隔音器、呼吸防护器、皮肤防护剂等。

个人防护用品主要有隔热屏障和吸收过滤的作用。起到隔热和屏障作用的有防护服装、口罩、鞋帽、手套、防护面具、隔音器等。例如，根据接触职业环境的主要生产性有害因素，可以分别装备防尘、防酸碱腐蚀、防高温辐射和防放射性物质粘污的防护服装等，用以减少劳动者直接接触或受污染的程度；根据噪声的频谱和强度装备内耳或外耳隔音器等，起到一定的保护作用。起吸收和过滤作用的有防护眼镜和呼吸防护用具。例如，防护眼镜片可选择性地吸收过滤紫外线等；过滤式防毒面具能吸收过滤有毒气体和粉尘等。

[相关链接]

在选择个人防护用品时，不仅要注意防护效果，还应考虑是否符合生理要求，便于利用。在使用时还需加强劳动防护用品的管理和检查维护工作，才能使其达到应有的防护效果。

80. 用人单位具有哪些劳动防护用品管理责任?

（1）用人单位应根据工作场所中的职业有害因素及其危害程度，按照法律、法规、标准的规定，为从业人员免费提供符合国家规定的劳动防护用品。不得以货币或其他物品替代应当配备的劳动防护用品。

（2）用人单位应到定点经营单位或生产企业购买特种劳动防护

用品。特种劳动防护用品必须具有“三证”和“一标志”，即生产许可证、产品合格证、安全鉴定证和安全标志。

（3）用人单位应教育从业人员，按照劳动防护用品的使用规则和防护要求正确使用劳动防护用品，使职工做到“三会”：会检查劳动防护用品的可靠性，会正确使用劳动防护用品，会正确维护保养劳动防护用品。用人单位应定期进行监督检查。

（4）用人单位应按照产品说明书的要求，及时更换、报废过期和失效的劳动防护用品。

（5）用人单位应建立、健全劳动防护用品的购买、验收、保管、发放、使用、更换、报废等管理制度和使用档案，并进行必要的监督检查。

［相关链接］

劳动防护用品的使用必须在其性能范围内，不得超过极限使用；不得使用未经国家指定、未经监测部门认可（国家标准）和检测还达不到标准的产品；不得使用无安全标志的特种劳动防护用品；不能随便代替，更不能以次充好。

81. 应当如何配备个人劳动防护用品？

（1）头部防护主要是佩戴安全帽。安全帽适用于环境存在物体坠落的危险和环境存在物体击打的危险。

（2）坠落防护主要是系好安全带。安全带适用于需要登高时（2米以上）和有跌落的危险时。

（3）眼睛防护一般是指佩戴防护眼镜、眼罩或面罩。存在粉尘、气体、蒸气、雾、烟或飞屑刺激眼睛或面部时，佩戴安全眼镜、防化学物眼罩或面罩（需整体考虑眼睛和面部同时防护的需求）；焊接作业时，佩戴焊接防护镜和面罩。

（4）手部防护主要方法是佩戴防切割、防腐蚀、防渗透、隔热、绝缘、保温、防滑等手套。可能接触尖锐物体或粗糙表面时，选用防切割手套；可能接触化学品时，选用防化学腐蚀、防化学渗透的防护用品；可能接触高温或低温表面时，做好隔热防护；可能接触带电体时，选用绝缘防护用品；可能接触油滑或湿滑表面时，选用防滑的防护用品，如防滑手套等。

（5）足部防护用品主要有防砸、防腐蚀、防渗透、防滑、防火花的保护鞋。可能发生物体砸落的地方，要穿防砸保护鞋；可能接触化学液体的作业环境要穿防化学防护鞋；注意在特定的环境穿防滑或绝缘或防火花的防护鞋。

（6）防护服适用于保温、防水、防化学腐蚀、阻燃、防静电、防放射线等。防护服一般要求：高温或低温作业要能保温；潮湿或浸水环境要能防水；可能接触化学液体要具有化学防护作用；在特殊环境下的防护服应具有阻燃、防静电、防放射线等功能。

（7）听力防护。应根据《工业企业职工听力保护规范》选用护耳器，同时还要考虑提供适宜的通信设备。

（8）呼吸防护应根据GB/T 8664—2002《呼吸防护用品的

选择、使用与维护》选用。要考虑是否缺氧、是否有易燃易爆气体、是否存在空气污染，以及其种类、特点、浓度等因素之后，选择适用的呼吸防护用品。

[法律提示]

《安全生产法》规定：企业必须为从业人员提供符合国家标准或者行业标准的劳动防护用品，并监督、教育从业人员按照使用规则佩戴、使用。

82. 如何选用防噪声耳塞、耳罩和帽盔？

防噪声耳塞是指插入外耳道的一种栓塞，常用塑料或橡胶制作，以能密塞外耳道又不引起刺激或压迫为好。

防噪声耳罩常为塑料制成，内有泡沫或海绵垫层，覆盖双耳。耳罩能罩住部分颅骨，有助于减低一部分经骨传到内耳的噪声。

帽盔能覆盖大部分头骨，以防止强烈噪声经骨传导到内耳，帽盔两侧耳部常垫防声材料，加强防护效果。

使用这些防噪声劳动防护用品时，应根据噪声的强度和频谱合理选用。对噪声强度是110分贝的中频噪声，只用耳塞即可；对140分贝的噪声，即使是低频，也宜耳塞和耳罩并用，或戴帽盔。

[相关链接]

工人长期在噪声环境下工作，如果不重视听力保护，随着时间的推移，轻则会感到耳朵“背”，重则会形成“聋子”。

83. 呼吸防护器的作用有哪些？

呼吸防护器包括防尘口罩、防毒口罩、防毒面具等，种类很多。根据结构和作用原理，呼吸防护器分为过滤式和隔离式两大类：

（1）过滤式呼吸防护器，也称净化式防护器。机械过滤式呼吸防护器使用防御各种粉尘、烟或雾等有害物质，常见的如防尘口罩。性能好的口罩能过滤掉细尘，并有较好的通气性，阻力小。化学过滤式呼吸防护器适用于防毒，也称防毒面具，这类防护器使用薄橡皮制的面罩，用一软管或直接连接药盒，如有害物质不刺激皮肤，可只用一个连接药盒的口罩。因要净化的毒物不同，需选用不同的滤料，常用的滤料活性炭对各种气体和蒸气都有不同程度的吸附作用。

（2）隔离式呼吸防护器，也称供气式防护器，有自带氧气式和外界输入式两类。自带式供气瓶背在身上，根据气瓶的大小，工作时间可维持0．5～2小时。在易燃、易爆物质存在的场合，要注意气瓶万一漏气会引起火灾或爆炸。外界输入式又分为固置蛇管面具和送气口罩两种，空气由空压机或鼓风机供给，用于固置蛇管的皮带可连接长绳，其适用范围与自带式相同，但活动范围受蛇管长度限制。

供气式防护器主要供意外事故时救灾人员使用，或在密不通风且有害物质浓度极高又缺氧的工作环境中的人员使用。

[相关链接]

防尘口罩使用一段时间后，因粉尘等阻塞滤料空隙，阻力会增大，须注意更换滤料。

84. 防护帽的作用有哪些?

（1）安全帽，用于防止意外重物坠落或飞击伤害头部。

国内常用的有塑料安全帽，这种安全帽必须符合国家标准《安全帽》（GB 2811—2007）的要求。

（2）复式安全帽：电焊工安全帽，起到安全和防护的作用；矿工安全帽，起到安全和防尘作用；矿工组合式安全帽盔，主要由安全帽、防尘面罩与风包三部分组成，起到安全、防尘、防噪声的作用。

[相关链接]

用于职业卫生的防护帽有：防尘帽、防水帽、防寒帽、防静电帽、防电磁辐射帽和防昆虫帽等。

85. 目前常用的皮肤防护用品有哪些?

（1）防护手套，采用新型橡胶体聚氨酯甲酸塑料浸塑而成，具有良好的耐热、耐寒性，能防苯类溶剂、多种油类、漆类和有机溶剂。

（2）防护膏膜，在不适应戴手套操作时，采用膏膜防护皮肤污染，常用的是干酪素防护膏，对酸碱等水溶液可用由聚甲基丙烯酸丁酯制成的胶状膜液。涂敷后形成防护膜，洗脱时用乙酸乙酯等溶液，在夏季需冷藏。

［知识学习］

干酪防护膏的配制方法为：将300克干酪素浸泡在850克温水中隔夜，滴加25%浓氨水10克至干酪素和水中，边加边搅拌，待干酪素完全溶解呈现糊膏状，添加300克甘油并搅拌，然后将盛瓶移出水浴，且加95%酒精850克，搅和即成。

86. 防护服的作用有哪些?

防护服主要作用是防护热辐射以及化学污染物损伤皮肤或进入体内。

（1）防热服可分为非调节和调节两种。非调节防热服具有良好的反射性，以能反射辐射热而起到隔热作用的铝箔防热服为代表，这种防护服配有涂金属膜反射镜片的铝箔帽盔、手套、靴。使用这类防护服必须经常注意保持表面光亮洁净，否则将失去反射辐射热的效能。石棉防热服导热系数小，隔热性好，但太重，穿着后操作不便。白帆布防护服虽防辐射，但防热作用远不如前两者，可是又具有经济耐用的特点，因此目前使用比较广泛。

调节防热服是一种内装有若干冰袋的冷冻服，这种冷冻服是一个背心，背心前后的口袋内装有金属扁罐，罐内装有低温无毒的盐溶液，当盐溶液升温失去作用时可以调换。这种扁罐也可以放在安全帽内，在高温强辐射环境下劳动时可以使用。

（2）防化学污染服主要用于防酸碱对皮肤的伤害，常以丙纶、涤纶或氯纶等面料制作。防化学物进入机体的防护服，常用的各种防护物质为不渗透或渗透率小的聚合物，涂于化纤或天然纤维织物上制成。

［相关链接］

防护服根据防护功能可分为普通防护服、防水服、防寒服、防砸背心、防毒服、阻燃服、防静电服、防高温服、防电磁辐射服、耐酸碱服、防油服、水上救生衣、防昆虫、防风沙等多类产品。

87. 防护眼镜和防护面罩的作用有哪些？

防固体碎屑的防护眼镜，主要用于防御金属或砂石碎屑等对眼睛的机械损伤，眼镜片和眼镜框架应结构坚固，抗打击，框架周围装有遮边，镜片可选用钢化玻璃或铜丝网防护镜；防化学溶液的防护眼镜，主要用于防御有刺激或腐蚀性的溶液

对眼睛的化学损伤，可选用普通平光镜片，镜框应有遮盖，以防溶液溅入；防辐射的防护眼镜，用于防御过强的紫外线等辐射线对眼睛的危害。

防护面罩主要有以下几种：

（1）普通面罩，是防止固体屑末和化学溶液溅射入眼及损伤面部的面罩，用轻质透明塑料或聚碳酸酯等塑料制作，面罩两侧及下端，分别向两耳和下颏下端朝颈部延伸，使面罩能更全面地包裹面部，以增加防护效果。

（2）有机玻璃隔热面罩，可防止热辐射对头部的作用，主要用于钢铁处理、大炉出灰、玻璃熔融等工种。

（3）金属网面罩，用于防热和防微波辐射。

（4）电焊面罩，除装有深绿色镜片外，其面罩部用一定厚度的硬纸纤维制成，质轻、防热，具有良好的电绝缘性，可防止电焊时产生的高热、紫外线、红外线、可见光以及烟雾刺激。

［相关链接］

防护眼镜和防护面罩主要防护眼睛和面部免受紫外线、红外线和微波等电磁波的辐射，粉尘、烟尘、金属和砂石碎屑以及化学溶液溅射的损伤。

第七章　常见职业危害事故应急救护

88. 职业危害事故的特点有哪些？

（1）职业危害事故多为突然发生，发病很急，甚至事先没有预兆，难以预测，没有防备，以致难以做出能完全避免此类事件发生的应对措施。

（2）突发事件往往病情严重，主要表现为发病人数多或病死率高。有些疾病甚至难以诊断或是没有特效药，给治疗带来很多困难。

（3）职业病危害事故并非仅仅影响少数几个人的健康，而是一般会影响到相当人数的群体。

（4）有的职业病危害事故的传播速度很快，有害因素可以通过各种传播途径迅速扩大影响范围，造成更多人受害。

（5）职业病危害事故的发生和应急处理往往会涉及社会上诸多方面。因此，在采取应急措施方面不仅应由卫生和安全生产监督管理部门来负责，而且需要各有关部门通力协作，如生产部门、交通部门、公安部门、城建部门、环保部门等。所以，重大的职业病危害事故的应急处理必须由上级政府统一指挥、统一调配，方能合理妥善处置。

［相关链接］

职业病危害事故是指突然发生，造成或者可能造成职业人群或社会公众健康严重损害的核与放射性突发事件、职业中毒、高温中暑、大量危险品的泄漏等事故。

89. 职业危害事故现场处理的原则是什么？

（1）及时上报领导

突发事件发生后，必须迅速及时上报有关行政单位领导。按照《突发公共卫生事件应急条例》的要求，逐项报告。争取尽快协调组织好各有关方面的力量，及时果断地落实应急措施。

（2）立即抢救受害者

应立即将受害者脱离危险现场，尽快送往有关的医院，及早抢救，使之尽快脱离危险。必要时应立即隔离，以免病原体进一步扩散。

（3）迅速保护高危险人群

对疑似受害者、确认受害者的密切接触者以及其他有关高危险人群，应根据有关情况，采取相应的医学观察措施。

（4）尽快查明事故原因

查明原因是有效抢救、治疗、控制、预防的关键，原因查明了，各项措施的落实才更具有针对性，目标才更明确。

[相关链接]

查明事故原因主要从临床检查、化验和诊断、职业流行病学调查、现场环境调查和环境检测、现场环境复原试验等几个方面进行。

90. 急性中毒的现场处理措施有哪些?

急性中毒病情发展很快，现场处理是对急性中毒者的第一步处理。

（1）切断毒源，包括关闭阀门，加盲板、停车、停止送气、堵塞“跑、冒、滴、漏”，使毒物不再继续侵入人体和扩散。逸散的毒气应尽快采取抽毒或排毒，引风吹散或中和等办法处理。如跑氯可用废氨水喷雾中和，使之生成氯化铵。

（2）搞清毒物种类、性质，采取相应的保护措施。既要抢救别人，又要保护自己，莽撞地闯入中毒现场只能造成更大损伤。

（3）尽快使患者脱离中毒现场后，松开领扣、腰带，呼吸新鲜空气。如果有毒物污染，迅速脱掉被污染的衣物，清水冲洗皮肤15分钟以上，或用温水、肥皂水清洗，同时注意保暖。

有条件的厂矿卫生所，应立即针对毒物性质给予解毒和驱毒剂，使进入体内的毒物尽快排出。

（4）发现呼吸困难或停止时，进行人工呼吸（氰化物类剧毒中毒，禁止口对口人工呼吸）。有条件的立即吸氧或加压给氧，针刺人中、百会、十宣等穴位，注射呼吸兴奋剂。

（5）心脏骤停者，立即进行胸外心脏按摩，心脏注射“三联针”。

（6）发生3人以上多人中毒事故，要注意分类：先重者后轻者，注意现场的抢救指挥，防止乱作一团。对危重者尽快地转送医疗单位急救，在转运途中注意观察患者的呼吸、心跳、脉搏等变化，并重点而全面地向医生介绍中毒现场的情况，以便于医生准确无误地制定急救方案。

[相关链接]

对急性中毒者应密切观察病情，进行有效的对症治疗，力争最佳的治疗效果，防治各种后遗症。

91. 发生中毒窒息如何救护？

（1）抢救人员进入危险区必须戴上防毒面具、自救器等防护用品，必要时也给中毒者戴上，迅速把中毒者转移到有新鲜风流的地方，静卧保暖。

（2）如果是一氧化碳中毒，中毒者还没有停止呼吸或呼吸虽已停止但心脏还在跳动，在清除中毒者口腔和鼻腔内的杂物使呼吸道保持畅通后，立即进行人工呼吸。若心脏跳动也停止了，应迅速进行心脏胸外挤压急救，同时进行人工呼吸。

（3）如果是硫化氢中毒，在进行人工呼吸之前，要用浸透食盐溶液的棉花或手帕盖住中毒者的口鼻。

（4）如果是因瓦斯或二氧化碳窒息，情况不太严重时，只要把窒息者转移到空气新鲜的场地稍作休息，就会苏醒，假如窒息时间比较长，就要进行人工呼吸抢救。

（5）在救护中，急救人员一定要沉着，动作要迅速，在进行急救的同时，应通知医生到现场进行救治。

［知识学习］

一氧化碳、二氧化碳、二氧化硫、硫化氢等超过允许浓度时，均能使人吸入后中毒。发生中毒窒息事故后，救援人员千万不要贸然进入现场施救，首先要做好自身防护措施，避免成为新的受害者。

92. 强酸灼伤如何做现场处理？

浓酸溅到皮肤上后，应及时用大量清水冲洗，脱去被污染的衣物，根据不同酸的特殊性适当处理。硫酸、盐酸、硝酸所引起的烧伤应先拭去患处酸液，后用大量清水冲洗10～30分钟，再用5%的碳酸氢钠液中和后，再用大量清水冲洗，最后按烧伤处理。三度烧伤可用碘酒或中草药局部处理。

氢氟酸烧伤的危害最大，其烧伤处理步骤如下：首先立即

用石灰水、饱和硫酸镁溶液浸泡以促进恢复，防止坏死。若烧伤部位已经形成水疱，应切开后用30%葡萄糖酸钙、氯化钠溶液浸泡；浸泡后，在烧伤硬结下注射葡萄糖酸钙以形成氧化钙起止痛和控制破坏作用。但手指、足趾烧伤时切勿注射过多的葡萄糖酸钙，以防阻滞局部血循环而引起组织坏死。此外，局部烧伤可敷氧化镁与20%甘油混合糊状膏。如已形成溃疡或水疱，或浸透甲床，可切开，必要时将指甲剥离或做▽形局部切除，用弱碱溶液浸泡后再敷以氧化镁油膏。

［相关链接］

由强酸、强碱、酚、磷等化学物质引起的烧伤，称为化学灼伤，大多数是由于设备故障，违章操作或个人防护不当等原因所造成的。

93. 强碱灼伤如何做现场处理?

当强碱溅到皮肤上时应立即用大量清水冲洗，尽量要冲洗得彻底干净。用水冲洗前禁用中和剂，以免产生中和热加重烧伤。当用1%～2%醋酸冲洗和湿敷，最后仍需用大量清水冲洗创面。

石灰烧伤时，应先将石灰粉粒清除干净，然后再用清水冲洗，以防石灰在遇水时产生大量热而加重组织烧伤。

［相关链接］

碱对组织的破坏及渗透性较强，除立即作用外，还能皂化脂肪组织，吸出细胞内的水分，溶解蛋白质并与之结合形成碱性蛋白化合物，使烧伤逐步加深。碱灼伤通常表现为局部变白、刺痛、周围红肿起水疱，重者可引起糜烂。

94. 磷灼伤如何做现场急救?

磷接触皮肤时，局部皮肤表面高热并产生白色烟雾，而且灼伤的面积较深。黄磷在常温中能自燃，氧化成五氧化二磷，遇水生成磷酸。所以黄磷烧伤时既有发热，又有酸的作用造成复合型烧伤。另外，磷又能经皮肤黏膜吸收造成全身中毒。

因此，现场处理磷灼伤应用大量清水冲洗并尽量去除磷颗粒，对清除不掉的可用10%硫酸铜溶液湿敷创面，使磷颗粒变成黑色的硫化磷，然后去除，再以20%硫酸氢钠湿敷，以便中和磷酸。黄磷烧伤时应冲洗、浸泡或用湿布覆盖创面，以隔绝空气，阻止燃烧。

[相关链接]

各种化学烧伤，经现场急救处理后，要立即送往医院进行后期的治疗和处理。其治疗原则上与一般性烧伤相似。

95. 如何救助中暑人员?

在既有高温，同时还伴有空气湿度大或者热辐射强而风速又小的环境中作业，再加上劳动强度过大、作业时间过长，此时作业人员极容易发生中暑。轻度中暑的初期症状为头晕、眼花、耳鸣、恶心、心慌、乏力。重度中暑患者会有体温急速升高，出现突然晕倒或痉挛等现象。

对中暑患者的现场急救原则是：对于轻度中暑患者，应立即将其移至阴凉通风处休息，擦去汗液，给予适量的清凉含盐饮料，并可选服人丹、十滴水、避瘟丹等药物，一般患者可逐渐恢复。对于重度中暑患者，必须立即送往医院。

[知识学习]

从很多建筑工人中暑死亡的病例情况来看，还是工地的防暑措施没有到位。这些工人在出现中暑症状后，没有及时到阴凉环境休息，而是去了工棚或户外，加重了病情。即便建筑工人的身体都很好，但在出现中暑症状后，是不能“硬撑”的。

建议建筑工地应设置一个装有空调的休息室，专供中暑工人休息，一旦有人中暑后就及时送到空调房间，喝些冰水，症状严重的应立即送往医院，这样才能避免死亡事件的发生。

96. 怎样做口对口人工呼吸?

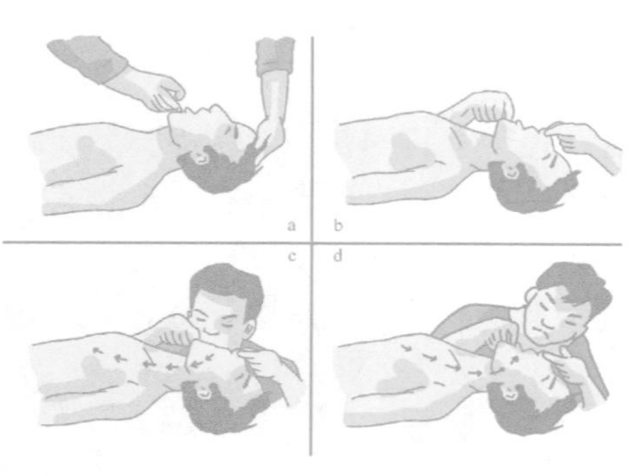

（1）将患者置于仰卧位，施救者站在患者右侧，将患者颈部伸直，右手向上托患者的下颏，使患者的头部后仰。这样，患者的气管能充分伸直，有利于人工呼吸，如图a所示。

（2）清理患者口腔，包括痰液、呕吐物及异物等。

（3）用身边现有的清洁布质材料，如手绢、小毛巾等盖在患者嘴上，防止传染病。

（4）左手捏住患者鼻孔（防止漏气），右手轻压患者下颌，把口腔打开，如图b所示。

（5）施救者自己先深吸一口气，用自己的口唇把患者的口唇包住，向患者嘴里吹气。吹气要均匀，要长一点儿（像平时长出一口气一样），但不要用力过猛。吹气的同时用眼角观察患者的胸部，如看到患者的胸部膨起，表明气体吹进了患者的肺脏，吹气的力度合适。如果看不到患者胸部膨起，说明吹气力度不够，应适当加强。吹气后待患者膨起的胸部自然回落后，再深吸一口气重复吹气，反复进行如图c、图d所示。

（6）对一岁以下婴儿进行抢救时，施救者要用自己的嘴把孩子的嘴和鼻子全部都包住进行人工呼吸。对婴幼儿和儿童施救时，吹气力度要减小。

（7）每分钟吹气10～12次。

［知识学习］

只要患者未恢复自主呼吸，就要持续进行人工呼吸，不要中断，直到救护车到达，交给专业救护人员继续抢救。

如果身边有面罩和呼吸气囊，可用面罩和呼吸气囊进行人工呼吸。

97．胸外心脏按压法的基本要领是什么？

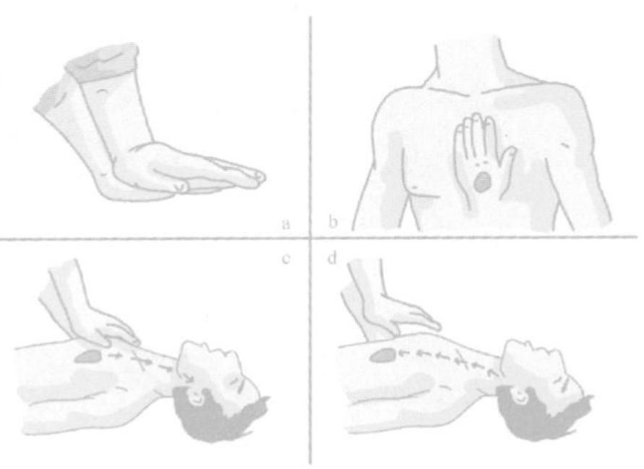

（1）使伤员仰卧在比较坚实的地面或地板上，解开衣服，清除口内异物，然后进行急救。

（2）救护人员蹲跪在伤员腰部一侧，或跨腰跪在其腰部，两手相叠，如图a所示。将掌根部放在被救护者胸骨下1/3的部位，即把中指尖放在其颈部凹陷的下边缘，手掌的根部就是正确的压点，如图b所示。

（3）救护人员两臂肘部伸直，掌根略带冲击地用力垂直下压，压陷深度为3～5厘米，如图c所示。成人每秒钟按压一次，太快和太慢效果都不好。

（4）按压后，掌根迅速全部放松，让伤员胸部自动复原。

放松时掌根不必完全离开胸部，如图d所示。按以上步骤连续不断地进行操作，每秒钟一次。按压时定位必须准确，压力要适当，不可用力过大过猛，以免挤压出胃中的食物，堵塞气管，影响呼吸，或造成肋骨折断、气血胸和内脏损伤等。也不能用力过小，而起不到按压的作用。

[知识学习]

伤员一旦呼吸和心跳均已停止，应同时进行口对口（鼻）人工呼吸和胸外心脏按压。如果现场仅有1人救护，两种方法应交替进行，每次吹气2～3次，再按压10～15次。进行人工呼吸和胸外心脏按压急救，在救护人员体力允许的情况下，应连续进行，尽量不要停止，直到伤员恢复自主呼吸与脉搏跳动，或有专业急救人员到达现场。